U0361032

重　估

大数据与人的生存

刁生富　等著

電子工業出版社
Publishing House of Electronics Industry
北京 • BEIJING

图书在版编目（CIP）数据

重估：大数据与人的生存 / 刁生富等著．—北京：电子工业出版社，2018.8
ISBN 978-7-121-34718-4

Ⅰ．①重… Ⅱ．①刁… Ⅲ．①数据处理—研究 Ⅳ．①TP274

中国版本图书馆 CIP 数据核字（2018）第 155936 号

策划编辑：米俊萍
责任编辑：米俊萍　　文字编辑：赵　娜
印　　刷：北京盛通商印快线网络科技有限公司
装　　订：北京盛通商印快线网络科技有限公司
出版发行：电子工业出版社
　　　　　北京市海淀区万寿路 173 信箱　邮编 100036
开　　本：720×1 000　1/16　印张：15.5　字数：268 千字
版　　次：2018 年 8 月第 1 版
印　　次：2022 年 4 月第 4 次印刷
定　　价：78.00 元

凡所购买电子工业出版社图书有缺损问题，请向购买书店调换。若书店售缺，请与本社发行部联系，联系及邮购电话：（010）88254888，88258888。

质量投诉请发邮件至 zlts@phei.com.cn，盗版侵权举报请发邮件至 dbqq@phei.com.cn。

本书咨询联系方式：mijp@phei.com.cn。

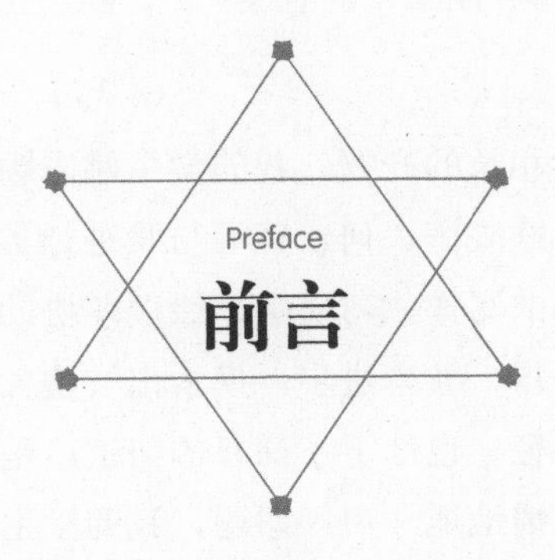

伴随着互联网、物联网、云计算、移动终端等新一代信息技术的迅猛发展、全面集成和快速普及，数据呈现指数级爆发式增长态势并被广泛应用于各行业和各领域，人类社会正在经历一场由大数据引发的革命，并由此快速步入大数据时代。在这个以数据为重要资源和资产的时代，拥有数据的规模、活性，以及收集、挖掘、运用数据的能力，将决定企业和政府的核心竞争力。人类社会的政治、经济、文化、思维等固有“态势”被重刷，确立了新的发展方向：“数据强国”的建设方针被提出；“数字经济”的发展蓝图被规划；“数字政府”和“数字公民”建设被提上议事日程；“量化一切”的数据思维被确立；“数据治理”已成为国家治理体系和治理能力的组成要素……大数据“洪流”已冲击人类社会生活的方方面面，其价值已然等同于甚至超越了土地、石油和黄金等资源。

大数据技术，和历史上所有的重大技术一样，是人类在通往解放的征程中“起推动作用的革命的”力量。然而，大数据技术也如同普罗米修斯盗得的圣火，一方面给人间带来温暖和光明，另一方面也有可能使自身被奴役甚至使人葬身火海。因此，如何理性看待与合理评价大数据对人生存和发展的影响，是当今大数据和人工智能时代的一个重大问题。本书选取了一些大数据与人的生存和发展密切相关的重要方面，包括交往、刷屏、学习、阅读、教育、思维、心理、权利、隐私、遗产、素养、社会及解放等，从哲学、伦理学、心理学、教育学、社会学等角度，进行了初步研究，探讨了大数据对

"人的实存已经赋予的和可能赋予的意义"[1]、新产生的问题及解决这些问题的路径。

本书是典型的教学相长的产物，我的学生姚志颖、冯桂锋、赵亚萍、刘晓慧、王吟、李香玲、欧晓茵、何永锋等与我进行了线上线下广泛的讨论，并承担了部分内容初稿的写作，刁宏宇、徐瑞萍协助进行了统改定稿。在这个过程中，大家分享心得，共享进步，摸索出一些大数据和互联网时代师生共同学习和研究的新路径，也结下了深厚的情谊，是人生一段十分珍贵和难忘的经历。在此，我深情地道一声：谢谢，我的学生们！同时，在本书写作过程中，参考了许多国内外相关文献；佛山科学技术学院资助了本书的出版，在此一并致以最真诚的感谢。对书中存在的不足，敬请读者批评指正。

刁生富

2018年1月18日

[1] 胡塞尔．欧洲科学危机和超验现象学[M]．上海：上海译文出版社，2005：127.

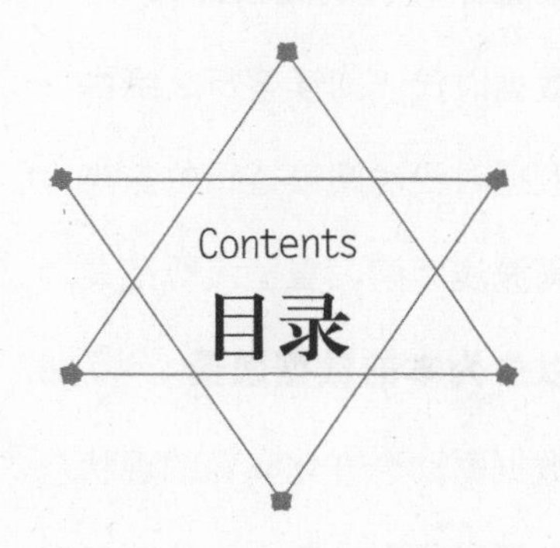

第一章　交往：数据之下的“微交网”　//001

一、社交网络与“微交网”　//003

二、“微交网”的特点　//015

三、大数据对“微交网”的影响　//017

四、微存之问　//020

五、求解之路　//030

第二章　刷屏：屏读盛行的异化与消解　//039

一、刷屏盛行的产生　//041

二、刷屏盛行的异化　//045

三、屏读异化的消解　//051

第三章　学习：大数据与求知新路径　//059

一、大数据时代学习的新态势　//061

二、大数据时代学习的新问题　//066

三、大数据时代学习的新路径　//070

第四章 阅读：大数据时代浅阅读探讨 //077

一、大数据时代浅阅读盛行之缘由 //079

二、大数据时代浅阅读盛行的焦虑 //084

三、平衡深浅阅读，重塑流行范式 //090

第五章 教育：以生为本的数据愿景 //097

一、大数据驱动个性化教育的现状 //099

二、大数据时代青少年面临的新情况 //100

三、大数据时代青少年教育问题的成因 //104

四、推行以生为本的大数据教育 //108

第六章 思维：大数据“灵魂”的自我对话 //113

一、大数据思维 //115

二、大数据思维的“自我追问” //120

三、在互补中实现大数据思维的超越 //127

第七章 心理：数据迷失下的心灵安放 //133

一、大数据时代自我迷失的表现 //135

二、大数据时代自我迷失之源 //140

三、大数据时代人的重新定位 //145

第八章 权利：大数据催生的新规则 //151

一、大数据时代个人数据权被侵犯问题的产生 //153

二、个人数据权被侵犯的原因 //156

三、个人数据权被侵犯带来的问题 //159

四、个人数据权的回归与保护 //163

第九章 隐私：在透明化中“裸奔” //169

一、透明化时代的来临与隐私和隐私权的新含义 //171

二、透明化时代隐私权被侵犯的表现 //174

三、隐私权被侵犯带来的危害 //176

四、综合治理确保隐私权不受侵犯 //181

第十章 遗产：数据时代的新形式 //189

一、网络数字遗产——新的遗产形式 //191

二、网络数字遗产继承出现的新问题 //193

三、网络数字遗产继承问题的对策 //197

第十一章 素养：用激情和理性拥抱大数据 //201

一、时代需求下的数据素养 //203

二、数据素养的含义及其内容 //204

三、综合培育提升个人数据素养 //206

第十二章 社会：构建综合治理体系 //211

一、大数据的社会问题 //213

二、大数据的社会治理 //219

第十三章 解放：消解大数据时代人的奴役 //225

一、大数据时代奴役的问题表征 //227

二、大数据时代奴役的引发肇因 //232

三、大数据时代奴役的消解路径 //234

第一章

交往：数据之下的“微交网”

交往是人类存在的基本方式和社会化的根本途径。在大数据时代，社交网络已成为人们生活中最平常而又最不平庸的普遍性活动平台，并逐步呈现微型化趋势，进一步创新和改变了社会交往的方式和内容。人们在利用社交网络开展交往活动的过程中，数据之下的“微交网”呈现鲜明的特点。通过大数据分析和预测技术对“微交网”的透视，可以进一步发现人与人在相互裸露状态下开展“微交网”的利弊。与现实物理空间中的社会交往不同的是，由于社交网络融合了许多技术因素、社会文化和心理因素，因而在“微交网”中出现了许多前所未有的社会问题，在一定程度上干扰了社交网络的交往活动和社会生活的正常运行，这也促成了对“微交网”的社会问题实施对症下药的社会治理的内在需求和现实需要。

一、社交网络与“微交网”

人类作为社会性高级动物，个人只有在与他人的交往中才能获得生存和发展。中国古代著名思想家荀子在《荀子·王制篇》中谈道：“人，力不若牛，走不若马，而牛马为用，何也？曰：人能群，彼不能群也。”梁启超先生也曾指出：“人所以不能不群者，以一身之所需求、所欲望，非独立所能给也，以一身之痛苦、所急难，非独立所能捍也。于是乎，必相引、相倚，然后可以自存。”在社交网络空间也一样，虽然社会交往的平台和空间发生了翻天覆地的变化，但离不开个人与个人之间、个人与群体之间、个人与外部世界纵横交错的各种联系。

（一）交往之进化史

马克思是如此定义“交往”的：“交往是指一定历史条件下的现实中的个人及共同体之间通过中介客体，在物质、精神互相作用、互相影响、彼此联系、共同发展的各种实践活动及其所形成的普遍性的社会关系的统一。”[1]即人类的交往是在社会实践活动中不断发展和进化的。

从人类社会发展的历史阶段来看，社会交往的方式是不一样的。交往形态的演变原因，归根结底在于社会经济关系和经济结构的不同。在原始社会初级阶段，由于生产力低下，在日常生活和交往中，人们的社会交往需要结合成氏族部落的集体形式，共同劳动，相互帮助，才能获得食物、

---

[1] 闫艳．交往视域中的思想政治教育[M]．北京：人民出版社，2011：29.

战胜自然灾害和抵御外族侵杀。在这个远古时代，人们之间的交往是一种较单纯的、主要以血缘关系为纽带的相互关系，共同维护氏族和部落利益，维护自由和平等，在简单的社会交往中满足马斯洛需求层次理论中的生理需求和安全需求。在农业社会初级阶段，随着农具的大范围使用和家畜的大规模出现，人类正式从原始初级阶段的野蛮走向文明，国家开始出现。在自给自足的自然经济小生产的基础上，随着手工业和商业的逐渐出现，人类的交往形态，表现为一种相对狭窄的、封闭的、以乡土为主要范畴的交往方式，但相对于原始社会，人类的社会交往范畴有了一定的扩展。进入工业社会以后，随着社会生产力的发展、生产关系的变革，以及人类探索实践的不断进步，社会交往的关系和类型也在不断地拓展。工业革命以来，社会出现了跨区跨国的商品交换和海外贸易，国与国之间的交往和沟通，进一步深化了人类社会交往方式和形态的变革，也更进一步加快了人类文明的进化历程。在人们的交往中，法律和道德对人们行为的制约和约束取代了原始部落和氏族的首领权威。

随着互联网的快速发展，人类进入日新月异的信息时代和新媒体时代。今天，人类的交往形态完全不同于原始社会、农业社会和工业社会，人类的交往范围实现了跨时空、跨地域、跨层次的飞越。随着人类实践能力的不断提升，社会交往也进一步扩展了其广度和深度，横向可与不同个体、不同群体、不同国家进行交流，纵向可扩展至外太空、外星球、深海的探索。英国学者安德鲁·查德威克（Andrew Chadwick）从技术特点和传播模式的角度，对互联网做出如下定义：“互联网是当地的、国家的、全球的信息传播技术以相对开放的标准和协议，以及较低的门槛形成的一对一、一对多、多对多、多对一的网络。”[1]从他的定义可以看出，互联网的发展，让人类真正实现了“海内存知己，天涯若比邻”的诗人愿景，让人类的交往变得更加便捷、即时和有效，同时也让人类的交往越来越微型化、生活化和魅力化。随着微博、微信等“微交往”的流行，人们从社会交往

[1] [英]安德鲁·查德威克．互联网政治学[M]．任孟山，译．北京：华夏出版社，2010：9.

中获得资源的能力进一步延伸，“强关系是资源，弱关系是机会”的理念被越来越多的人接受，社会交往对现代人生存和发展的重要性日益凸显。

（二）社交网络，联系你我

随着网络社会交往领域的扩展，社交网络的变迁进一步加速了人类社会历史的演进。在移动互联网迅速发展的基础上，各种即时通信工具不断问世、应时而生，极大地改变了人们的社会交往方式和社会交往形态，这就是互联网上的社交网络。

社交网络（Social Network）一词是英国社会学家拉德克利夫·布朗（Radcliffe Brown）首次使用的。1954 年，英国人类学家巴恩斯用社交网络分析了挪威渔村 Brernnes 教区的跨亲缘关系，分析了社会结构和文化体系如何决定人类的行为，他用网络这个词代指社会群体之间、社会成员之间、社会群体与其成员之间复杂的网状联系[1]。

从广义上来说，社交网络是指能够用日益发展的媒介技术把人与人联系起来的社交网络服务。巴里·威尔曼曾说，当计算机网络连接了人，它就是一个社交网络[2]。从狭义上来说，社交网络是指利用媒介技术专为人们的社会交往开发创造的关系网络。这里主要讨论的是广义上的社交网络。Kantar Media CIC 的中国社会化媒体景观是行业的著名标杆，自 2008 年推出以来不断发展。通过对比 2008—2009 年与 2016 年、2017 年的中国社会化媒体格局（见图 1、图 2 和图 3），可以发现，我国的社交网络在功能性细分平台和移动兴趣社区方面都实现了纵横方向的发展。从功能性细分平台角度，我们可以将社交网络分为博客、百科、问答、游戏、商务社交、交友平台、通信、新闻、图片社交、视频、音频、电子商务（众筹、

---

[1] Barnes J A. Class and Committees in a Norwegian Island Parish[J]. Human Relations, 1954,7 (1):39-58.

[2] Barry W. An Electronic Group is Virtually a Social Network[C]// Sara K. Culture of the Internet[M]. New Jersey: Lawrence Erlbaum Associates, 1997:179.

海淘、团购、闪购、二手、O2O）、点评等；从移动兴趣社区角度，可以将社交网络分为美妆、时尚、汽车、育儿、健康、运动、旅行等。CNNIC结合我国社交应用的现状，参考国内外相关研究机构的分类标准，主要结合用户的使用目的，把国内的社交应用类型分为即时通信工具、综合社交应用、图片/视频社交应用、社区社交应用、婚恋/交友社交应用和职场社交应用六大类（见图4）。其中即时通信工具的使用率最大（如QQ、微信、陌陌等），占90.7%；综合社交应用（如QQ空间、新浪微博等）的使用率为69.7%；工具性较强的图片/视频社交应用（如美拍、美图秀秀等）使用率为45.4%，排在第三位；社区社交应用（如贴吧、知乎等）使用率为32.2%，排在第四位；其他两类社交应用的使用率相对较小，均为10%以下。

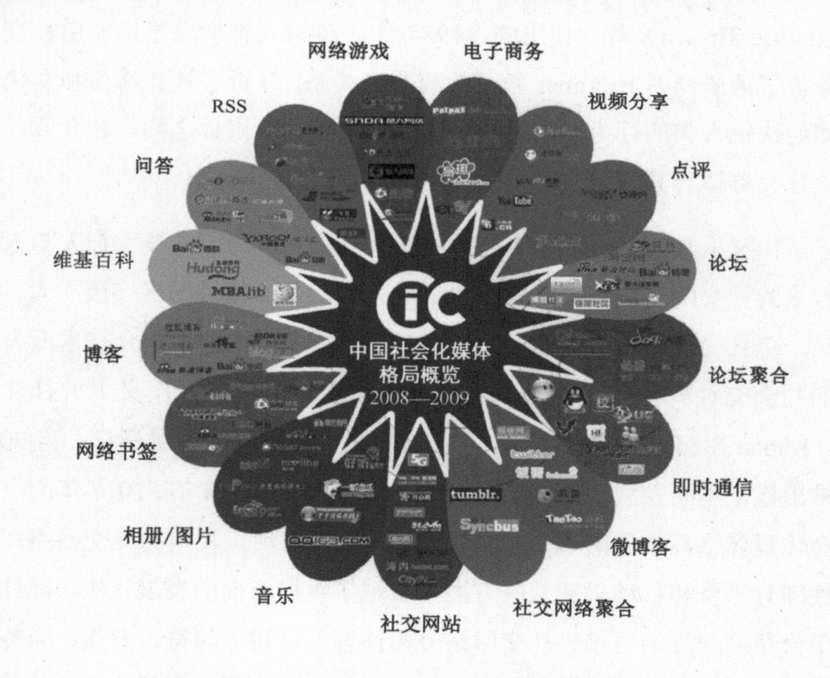

图1　2008—2009年中国社会化媒体格局概览

各种社交网络平台的流行，一是离不开其背后的理论基础——“六度分隔理论”（Six Degrees of Separation）：你和任何一个陌生人之间所间隔的人不会超过六个，也就是说，最多通过六个中间人你就能够认识任何一个陌生人。这也称为小世界理论[1]。“六度分隔理论”说明了社会中普遍存在的“弱纽带”发挥着非常强大的作用，通过弱纽带人与人之间的距离变得非常“相近”。二是离不开社交网络平台的技术属性和社会属性。技术性和社会性的互动分别产生三种形态：技术与社会的分离——线上与线下的阻隔；技术与社会的交融——线上与线下的互补；技术与社会的一体——线上与线下的合一[2]。三种线上和线下形态的变化，归根结底在于新的社交网络和当时的信息技术是相适应的。在现实的物理空间和虚拟的网络空间中，现实交往离不开互联网的线上交往，线上交往很大程度上拓宽了现实交往的空间和领域。在人们的现实交往中，已经离不开社交网络的线上交往了。

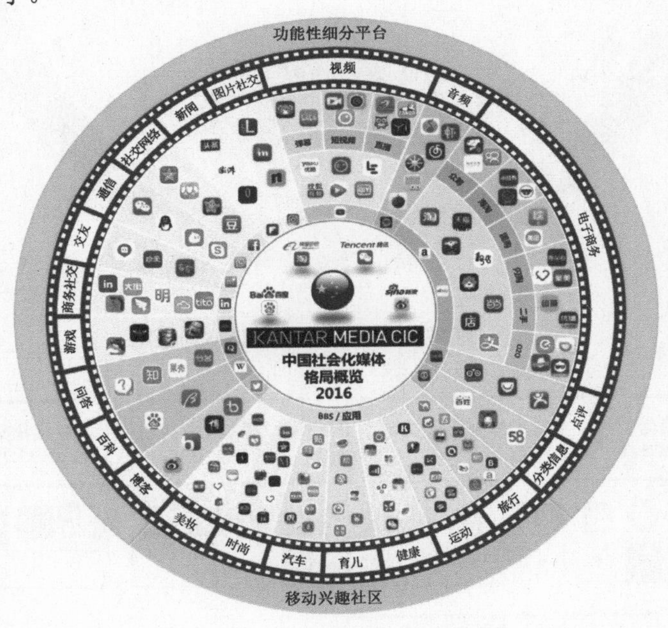

图 2　2016 年中国社会化媒体格局概览

[1] 所谓“六度分隔理论”，用最简单的话描述就是：在人际脉络中，要结识任何一位陌生的朋友，这中间最多只要通过六个朋友就能达到目的。

[2] 吴保来. 基于互联网的社交网络研究[D]. 北京：中共中央党校，2013.

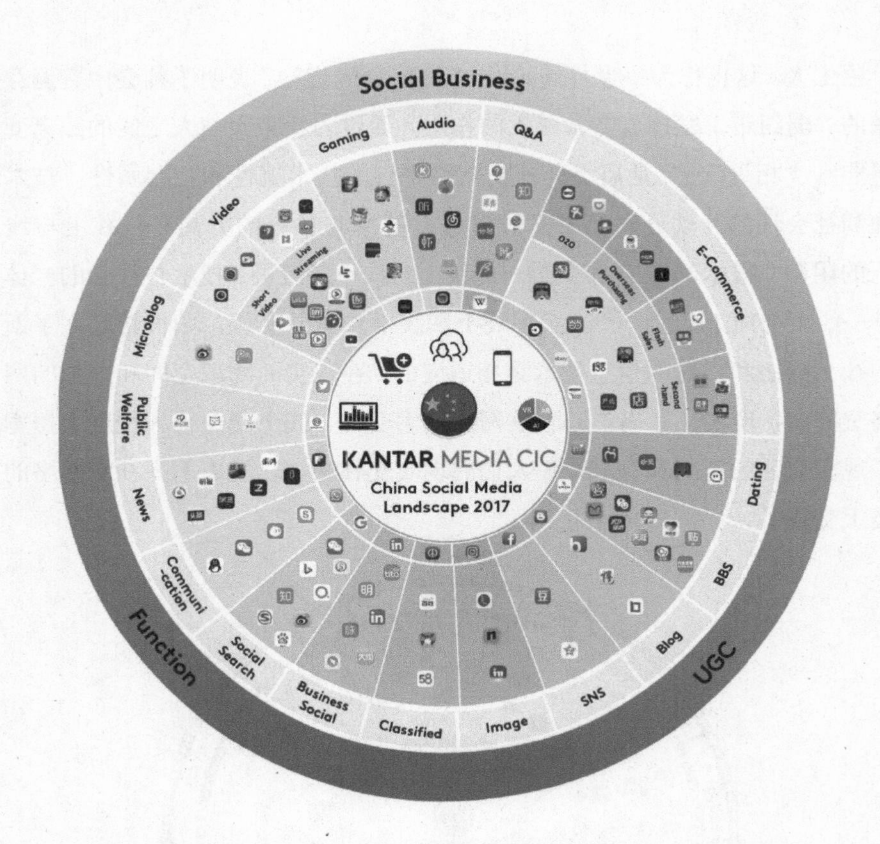

图 3　2017 年中国社会化媒体格局概览

图 4　2016 年中国社交应用分类及其应用代表

在众多的社交网络平台中，微信的影响力和统治力是最显而易见的。上海的谢耕耘教授曾比喻说，“一种传播媒体普及到5000万人，收音机用了38年，电视机用了13年，互联网用了4年，微博只用了14个月。一条微博短短几行，渗透力却非常大。而微信普及到5000万人却仅仅用了几个月。”如今微信的使用，在我国随处可见，微信的各种平台似乎可以满足用户的各种需求。微信不仅仅是一个社会化媒体平台，作为一个能够在日常生活中帮助人们的工具，它更像是一把“社会化媒体瑞士军刀”，其多功能性使得线上和线下的生活更为紧密——拥有类似WhatsApp的对话聊天功能、类似Facebook动态消息的朋友圈，类似PayPal的钱包功能，以及基金理财产品、打车及订餐服务等许多内置应用。实际上，微信已紧紧地把你我联系在一起，几乎成为生活中不可或缺的工具和助手。

（三）社交网络与大数据

随着当下社交网络和移动通信的迅速流行，社交网络产生的大数据信息也是空前强大。国外媒体依据月活跃用户量对各大服务进行了排名，统计出2015年活跃用户最多的15家社交网络[1]，其中前五位分别是：①Facebook；②WhatsApp；③腾讯QQ；④Messenger；⑤微信。从国内外发展状况来看，社交网络已成为覆盖用户最广、传播影响最大的交流平台。社交网络氛围无处不在，移动社交化、资源社交化、娱乐社交化、购物社交化及网络社交化，社交化元素已成为互联网的基础性应用[2]。

在社交网络应用中，产生的大数据信息主要包括：用户在社交网络平台注册的个人档案信息，用户在社交网络平台开展的社交活动信息，用户在社交网络平台的登录信息，用户在社交网络平台积累的社交资源信息

[1] 李鑫．2015年活跃用户最多的15家社交网络[EB/OL].http://nb.zol.com.cn/559/ 5590109.html, 2015-12-21.

[2] 孟晓明，贺敏伟．社交网络大数据商业化开发利用中的个人隐私保护[J]. 图书馆论坛，2015（6）：67-75.

等。这些信息正好契合了大数据的“4V”特征：①社交网络产生的信息容量巨大。在各种社交网络平台的网络交往信息，都会在平台留下痕迹，巨大的活跃用户产生巨大的信息容量；②类型复杂多样。在社交网络平台产生的结构数据、非结构数据、源数据、处理数据等构成了错综复杂的社交网络关系和信息数据；③处理速度快。现在很多社交网络平台产生的大数据，通过云计算可以高速系统地计算出相关数据和信息。譬如，微信新开发的朋友圈搜索功能，用户可以通过输入关键词快速找到想查找的朋友发的相关内容；④商业价值高。社交网络数据不仅具有丰富的商业价值，背后还蕴含着大量的智慧。通过分析在线社交网络数据，可以挖掘人类的习惯特征和行为规律，从而更好地服务于人们的生活和工作。譬如，淘宝可以将用户的原始数据和使用数据经过记录、采集、深度挖掘和分析后，自动为用户推送可能喜欢的商品或物品，具有较高的商业价值。

作为全球最大的社交网络，Facebook 每秒都在生成海量的数据，这些数据实时更新、海量聚集，且不会被搜索引擎抓取，构成了 Facebook 最核心的数据资产。它 85%的收入来自企业的广告，只有 15%的收入来自个人用户的增值服务。作为中国最大的社交网络公司，腾讯的成功之一在于大数据的应用与开发。腾讯 90%的收入来自个人用户的增值服务，只有 10%的收入来自广告收入，与 Facebook 正好相反[1]。汇丰银行（HSBC）发布的报告显示，腾讯公司旗下手机通信 App——微信市场价值估计高达 836 亿美元（约合人民币 5344 亿元），几乎是腾讯市值的一半。微信在腾讯公司的地位举足轻重，因为它不仅仅是一款手机通信 App，还是一个连接电子商务的渠道，其涵盖的功能包括手机支付、多媒体播放、社交游戏等，称得上是腾讯的捞金神器[2]。

[1] 车凯龙，铁茜．国内外社交网络（SNS）大数据应用比较研究——以 Facebook 和腾讯为例[J]. 图书馆学研究，2014（18）：18-23.

[2] 环球网．HSBC：微信估值达 836 亿美元 约为腾讯市值一半 [EB/OL]. http://tech.huanqiu.com/original/2015-08/7314806.html,2015-08-19.

（四）交往之“微交网”

互联网的高速发展很快把人类带入了网络社会，人类通过实践不断改造世界、提升自己，就如卡普所说，人通过工具不断地创造自己[1]。网络社会带来的网络社交具有很强的社会属性和技术属性，通过大数据和云计算的发展，社交网络让人类的思想和意识得到纵横的延伸。正如凯文·凯利所说，云便是我们灵魂的延伸，或者用你喜欢的话来说，云是自我的延伸[2]。大数据也是一样的，在大数据时代，人类不断地学习如何充分利用大数据延伸自己的思想和灵魂，使其服务于人类和社会，服务于我们的生存和发展。随着时代的进步和技术的创新，随着微博、微信等社交网络平台的开发，“微文化”的氛围越发浓厚。此“微”并不代表其微不足道，而是微小下产生不可忽视的大力量。在微时代、微空间里，既有微言大义、微行大益，也有危言耸听、道微德薄。微文化作为新兴的文化样态，起源于微博的风靡流行，成熟于微信、微小说、微电影、微公益的汇聚融合。目前，微文化正以其无“微”不至的影响，引发人们的广泛关注。微博、微信、微小说、微电影、微视频……互联网技术的快速发展为“微文化”插上了飞速发展的翅膀，把我们带入了微交往、微传播和信息微循环的时代。特别是 2011 年微信的问世，把人类真正带进“微交网”时代，微信下的交往具有很强的技术属性。

1．SNS 技术的发展与微信的产生

SNS 译为社会性网络服务，基于六度分隔理论和 150 法则的社会网络采用分布式技术提供的技术支撑与人文服务，蕴含着服务（Service）、软

---

[1] [美]卡尔·米切姆．技术哲学概论[M]．殷登祥，等，译．天津：天津科学技术出版社，1999：6.

[2] [美]凯文·凯利．技术元素[M]．张行舟，余倩，译．北京：电子工业出版社，2012：225.

件（Software）和网站（Site）三层含义。SNS大致经历了三个发展阶段：1999—2005年，SNS尚处于不为人知的萌芽阶段；2005—2008年，SNS技术成为利之所趋，与此同时，其理念、思路、产品同质化问题大量暴露；2008年至今，SNS的发展呈现百花齐放、日新月异的特点。技术的流行源于技术优势与社会文化和人性需要的高度契合。SNS技术意在实现相关内容的交叉辐射式传播，构建与维护用户的关系网，以建立众多星罗棋布、互相交织的虚拟网络社区、平台。SNS的发展，在技术优势的前提下迎合了人们的需求和社会的需要，刺激了各种平台、应用的产生，微信就是众多应用平台中的耀眼之星。

微信，是在中国社交网站和应用平台百花齐放时，基于新时代SNS技术的发展和流行，腾讯公司于2011年年初推出的一款集语音、图片和文字等多项简单功能的手机聊天软件。微信最早的版本IOS1.0发布于2011年，当时仅仅只有即时通信、照片分享、更换用户头像等简单功能，随后微信完成了飞跃式发展，增加了手机通信录的读取、与腾讯微博私信的互通、多人会话功能的支持等。

最初阶段，微信通过手机通信录、QQ好友、QQ邮箱联系人等强关系链拓展用户群，随后迅速开发了“附近的人、摇一摇、漂流瓶”三个弱关系拓展功能，把其客户的来源从用户熟人链扩大到陌生人，社交圈极致的扩大和用户互动极强的黏合，奠定了微信在中国网络社交的龙头地位。基于SNS技术的进一步改革和发展，微信也在不断拓展新的应用，如朋友圈、订阅号、服务号、扫一扫、微信支付、理财通、滴滴出行、美团外卖等。这些应用让人们的各种需求变得现实可行，进而在当代社会文化的契合中加速了微信技术的流行。

2. 微信的功能优势与人性需要的契合

SNS 的技术发展和创新推动了社交媒介的创新。微信在技术物理属性下顺势而生，全力打造了以社交为中心焦点，易接入其他平台入口的环型放射状“社交高速公路”，实现了微信社交网络的全方位和立体化。这一移动化的社交网络，装载了文字、图片、语音、视频等形式多样的传播符号，运用强大的技术优势将人们从电脑前打字的状态中解放出来，不仅仅满足了用户随时随地交流沟通的强烈需求，也赋予了人际沟通前所未有的宽度与深度，丰富了现代社会文化。在累计经过 40 余个版本升级后，微信自身形成了一个三维沟通矩阵：*X* 坐标是语音、文字、图片、视频；*Y* 坐标是手机通信录、智能手机客户端、QQ、微博、邮箱；*Z* 坐标是 LBS 定位、漂流瓶、摇一摇、二维码识别。这个带有精彩、简单、便宜、免费、即时、互动色彩的三维沟通矩阵，使中国人的社交迅速进入了移动互联式社交的狂潮；其所依存的简洁的界面、友好的操作系统，突破了对用户年龄和文化的限制，赢得了所有拥有便携式设备用户的心——无论是耄耋老人还是垂髫小儿，无论是饱学之士还是目不识丁者，都难以冷眼旁观、置身事外。

此外，点对点的基于熟人关系链的在线社交模式，赋予了微信极强的黏合性。即时通信和通信方式的简化，成为微信对抗类似微博的图文制作、分享式社交软件的制胜关键；定点推送和对用户喜好的精准辨别，满足了用户追求速度的心理需求；语音消息承载的心情和语气，提高了信息传播的质量；精准的定位式营销，节约了商家的试错成本。种种应用功能的不断拓展和增加，如潮汐般席卷媒体人、商家、私人用户、企业用户，将他们从微博、博客、开心网、MNS 等领域卷到微信这个包罗万象、积聚最新技术优势的社交平台，使其成为链接一切传播渠道的“富媒体”。微信围绕超级链接和平台开放，在各种新兴媒体的聚集中，形成了一个个与现实世界相溶的、虚拟的、互动的、隐秘的情境化社区，给予用户更多的现实参照去按自己的需求和归属来冲浪，使其更加精确化地分配社交精力。情感社交、商业推广、平台服务等应用的开放使得微信逐步从“富媒体”向“超媒体”生态系统演变、发展、进化，从而满足了用户多方面的人性需要。

3．微信的独特特点与社会文化的契合

微信在社交领域燃起空前巨浪，是由于其作为大众文化产品和流行文化符号表征所承载的后现代主义、速度文化、娱乐至上的色彩满足了人们的日益增长的多元化需求。时尚化和大众化的运作方式、眼球经济优势的开发、权利真空的场域、个人空间和公共空间的并存，给予了微信无限的魅力。经由网络技术的发展和SNS技术的流行，大众文化不断冲击知识分子“圈禁”传播媒介的高墙，消解和否定各种权威话语和传统价值观念。这些挑战与冲突在微博、博客、人人网、开心网等社交网站上都有体现，然而直至出现了微信这个全民参与、全民畅游的社交媒介，全民性质的狂欢、自我话语权的释放和对本我的深层次表达才找到了出口。

微信的图文、视频、表情等功能的开发，顺应了21世纪视觉文化的盛行，微信展示的快捷、直观、形象、刺激、浅显的视觉文化，正好迎合大众文化的消费需求。在这个自由的、绚烂的文化场域，微信通过技术优势不断地实现自我更新，满足用户不断增长的社交欲望，同时也为社会的娱乐化趋势推波助澜。譬如，朋友圈满足了普通人被关注和及时了解他人动态的欲望；无等级、个性化皮肤满足了新时代人人平等的心理需求；漂流瓶、摇一摇满足了人们隐秘的、娱乐的诉求欲望。

二、“微交网”的特点

（一）“微交网”，冷热相逢

微信作为一种新兴的社交媒介，是智能手机社交软件中下载量最高、安装最为普及的应用之一，是网络社交必不可少的应用[1]。以微信、微博等为典型的微时代社交，打破了人际交往的时空限制，增加了交往的频率与范围，这种新型的半虚拟的移动互联社交，改变了人们的生存交往模式。

参与的狂热和厌倦的冷漠同时显现在微小的社交软件平台上，犹如两股飓风不断拉扯人们的内心。一方面微信能够满足人们的交往需求和被关注、受重视的欲望；另一方面微信的流行也限制了人们的诉求自由，抑制了人们的现实交往热情。微信的冷热既体现为线下的冷漠和线上的热度，也体现在新老用户对微信的不同使用态度上。人们过度依赖、沉溺于网络社交，在现实生活中呈现冷漠、倦怠、疏离的交往状态。沉溺于网络社交的一部分人，整个精神世界与现实世界产生了距离，现实中的平凡事件与人物已经引不起其任何的兴趣，现实中的沉默和线上的活跃成为他们的常态。而另一部分人却随着微信使用频率的增加而有所反思：刚刚使用移动社交平台的人们往往热情高涨，兴趣盎然，自认为发现了新的认识世界、结交朋友、表达自我的工具，然而随着时间推移和使用频率不断增加，他们越发体验到这种泛交往方式的困扰，当初的喜悦之情也就不复存在。在社交惯性的压力下，新加入的朋友、闹市般喧嚣的朋友圈、层出不穷的公

---

[1] 温如燕．微信对大学生人际交往的影响研究[D]．兰州：兰州大学，2014．

众号、身体缺位的情感交流、安全感和隐私权的被侵，人群中的先觉者从喜爱、厌倦、反思一路走来，越发感叹，随着朋友圈的人数增加，慢慢地越来越懒得发朋友圈了，不是没有感触，而是那些关乎内心的真正的伤悲和无助，你会下意识地屏蔽，因为能放在朋友圈里的一定是你经过粉饰的文字和图片，这样慢慢地离真实的自己越来越远，戴着面具的狂欢，只是让自己把不安全感和无人分享的落寞装饰成玩世不恭和幽默，消费给朋友圈[1]。

（二）“微交网”，大小交织

微信交往，最初是个人通过下载手机客户端，经由 QQ 联系人、手机通信录、“可能认识的人”等渠道，最终建构的每个人专有的移动社交网络，呈现点与点之间线状互联的模型。个人自由与需求最大化满足、信息的快速传播和处理是整个网络社交能够迅速建立的基础。

微信交往，越来越呈现社区集群化的倾向，每个人都能建立一个小圈子，微信群、公众号也建立得越来越多，孤立的个人漂浮在大大小小的集群里成为新的社交模型。社交网络宽广的海洋里，每个人都在冲浪，企图登上某个向往的小岛群落，甚至多方参与模式已经习以为常。欣喜的人发现自己拥有了一个巨大的社交宝藏，看不完的高质量的公众号推文，笑不完的朋友圈搞笑视频、短文字，谈不完的朋友间的对话。而烦恼的人也发现，几乎人走到哪儿微信就加到哪儿，甚至微信群的细分工作都已经成为惹人烦躁的负担，通过微信发出的消息也要再三思考、确认才敢发送。微信集群数量的增多，朋友圈体积的扩大，使得点对点的交往掺入大量点对面的交往，因此个体的自由无疑在一定程度上受到了集体的制约，人们从孤独走向群体最终又回到沉默的个体状态。

---

[1] 喇嘛哥．没有那么高尚，朋友圈只是一个圈而已[EB/OL]．http://mt.sohu.com/20150827/n419935007.shtml,2015-08-27.

（三）“微交网”，真假难辨

微信交往，本身就涵盖了巨大的虚拟性，摇一摇、附近的人这样添加陌生人为友的泛交网模式本身就带有扑朔迷离的神秘感，谁也不知道客户端的另一边是什么样的人。即使是从通信录里加入的朋友，微信平台所呈现的消息，也不一定是真实的。比如，大部分子女不愿意让父母看到自己的低谷，佯装一切都好的生活；学生躲避老师的学业关心，呈现努力学习的“状态”；下属屏蔽对上司的吐槽，换上了感激的言语。还有被家暴的妻子晒恩爱，贫穷的少年晒奢侈品，相貌一般的女孩晒美照……微信成了一个虚拟和真实交错的大舞台，众人粉墨登场，形成看与被看相互交集、融合的二元模式。

在这个舞台，看客与被看者彼此的信任和认知度不能确认，然而网络强大的推广力已经能够快捷且毫无负担地渗透到现实中，反而使得原本自由的网络行为充满了不可预测的风险。高压之下，舞台剧本的春秋笔法成了人们的保护伞，人们或矫饰或隐匿敏感而私密的感受，呈现的是为了实现社会归属和自我认可所需要呈现的内容。

三、大数据对“微交网”的影响

新一代信息技术与社会文化的高度契合，把人推入半虚拟化的“微交网”中，而大数据在“微交网”中的介入，能让人更清晰地了解自己的需求，让虚拟化的交往与现实更好地贴近。

（一）“交网”之需，数据予之

大数据的出现及其具有的特点使移动互联网半虚拟化的交往模式更好地深入人们的生活。随着移动互联网的发展、智能化手机的普及、大数据分析与挖掘技术的使用，人们对“微交网”的需求已不再满足于熟人之间简单的信息交流了。随着“微交网”的进一步普及，人们对朋友的结识、伴侣的寻找、知识的探索、问题的研讨等需求都将依靠微信实现。而这种需求的满足则需要大数据海量的数据资源、多样的信息种类、快速的信息处理与传播等特征的助力。

首先，海量数据实现跨界交往。数据时代下海量的数据资源，可以最大化地满足人们微信交往中的人际交往需求，让人们不受时间、地域、身份、距离等一切外在因素的限制，与志同道合的人随心所欲地交流探讨。其次，多样数据满足多样需求。人们在微信交往中的需求并不是一成不变的，而是在不断发展变化的，而且需求也在不断新生和增加。此时的大数据通过分析整合与提供海量、丰富多样的数据资源，可以满足个体多种类型的需求。如当个体需要学习交流小组，那么志同道合的人将会走到一起，被共同关注的话题将分散在各个终端的异质个体凝结在一起，形成一个个“头脑风暴”的交往“圈子”，圈内的人可能获得精神甚至物质支持，从而激发自身的创新潜能[1]。虚拟人际交往中的行动者具有高度的异质性，而行动者异质性越高，他们在现实生活中可利用的社会关系就越多，他们的生活就越具有可塑性与不断创新的可能性[2]。此时个体在“微交网”中也越来越能满足自我的多种需求，在虚拟化交往中越来越能体会到现实交往甚至超越现实交往的需求满足感。最后，快速传播满足实时要求。大数据具有的对信息快速处理与传播的功能，而这一能力正是人们在社交网络中交往最重要的需求所在。当我们有一种观点、一种想法想要与人共享时，

[1] 毛德胜．半虚拟化生存——大数据时代的人际交往模式探析[J]．新闻知识，2014（9）：6-8.

[2] ［美］尼葛洛庞帝．数字化生存[M]．胡泳，等，译．海口：海南出版社，1996：1.

我们需要高效、快速的传输方式来满足即时通信的要求。

（二）数据之下，人之裸交

大数据时代，数据分析与挖掘技术在促进个体快速高效地择取交友对象之时，也将使个体以一种赤裸裸的状态面对社交网络，隐私裸奔，进而将造成个人对“微交网”产生爱恨交加的双重情感。

1．赤裸之交，交网之捷

人类社会的交往方式经历了一个历史演变。随着技术的发展变化，人类交往方式也在不断地向着更便捷化的方向发展。自人类社会产生语言之后，语言成为人类面对面交往的主要方式，而在造纸术发明之后，便出现了间接交流方式的变革——书信，这一交往方式具有的耗时长、对外因依赖大的弊端，使其在电话出现之后便迅速被淘汰。电话实效性强、方便快捷的特点立即使其成为人们交往的主要选择。随着互联网的产生尤其是移动互联网的出现，QQ、微博等新一代具有高效能的交流方式迅速带来交往方式的巨大变革，尤其是微信的出现使交往方式发生了颠覆性的巨变。如今人类社会的交往需求在微信中可被极大程度地满足。而大数据分析与预测技术在互联网中的引入，更是为微信便捷人类交往带来了巨大推动力。比如，个人在微信中想要找到茫茫人海中与自己有共同兴趣爱好的伙伴，或是想要找到对某方面进行学术讨论的共同爱好者时，只要在微信中输入相关的信息，微信便可通过对已掌握数据的挖掘与分析，及时找到个体想要寻找的群体，让个人在微信中宽领域、实效性的交流越来越便利。

2．赤裸之交，自由之劫

大数据时代下数据分析与挖掘技术的发展，使个人自由面临巨大阻碍。首先，“微交网”中言论自由受限。大数据时代，人类的自然遗忘功能已被瓦解，数据记忆功能极其强大，我们在社交软件中的对话、公布出来的状态、发布的文章都将受到所有互联网网民的密切关注，一旦有不妥之处，或是与好友有不谐之时，这些被视为自我隐私的部分将被拿到公众面前。面对言论受到如此高压的情况，人们自然而然地将对社交软件中自我言论自由权进行一定的限制。我们不再敢也将不再想要知无不言了。其次，“微交网”中财产安全受威胁。大数据时代，数据分析中挖掘技术的发展使得微信中高技术、精确性的诈骗事件屡屡发生。如通过微信朋友圈中代购商品的不良运营、木马程序对微信好友的植入等造成的微信安全问题层出不穷。最后，“微交网”中存在数据过载隐患。植入数据功能后的微信被实时分析个人兴趣爱好，并在同时间段内给出大量信息，由此造成的定制公众号或者朋友圈中过多的信息数据会引发个人视觉疲劳、阅读欲望降低、学习效率低下等一系列值得深究的问题；同时当个人兴趣爱好被分析时，人们还将面对的一个困境便是垃圾数据的产生。当今被逐渐商业化的朋友圈在数据分析技术的帮助下将出现更多的有针对性的广告推荐，我们订阅的公众号中也出现了诸多“自愿”收看的广告信息……数据技术看似聪明地为我们提供商品选择，为自己带来巨大商机的同时，也给我们的微信交往过程带来对数据垃圾的恐惧。

四、微存之问

微信，这个信息时代的自媒体新产物，网民社会结构组建的传播媒体，是人们最常使用的即时社交网络工具。其中，2016 年发布的中国社交应用用户行为研究报告显示，手机端即时通信工具中，微信的使用率为 81.6%[1]，如图 5 所示。微信和微信朋友圈作为手机背后的“微内容、微型化”的社交网络，凭着“即时性强、简明性高、私密性足、安全性大、圈

---

[1] 中国互联网络信息中心（CNNIC）. 2015 年中国社交应用用户行为研究报告[R]. 2016.

内传播”等优势加速了人与人互动方式的变革。在网民群体中，微信逐渐成为其在“微交网”上的虚拟交往身份，对他们的思想和行为的产生和发展都造成了诸多的影响。在这样的背景下，研究微信在当前社交网络中存在的问题，已成为一个必须认真面对和深入研究的重大课题。

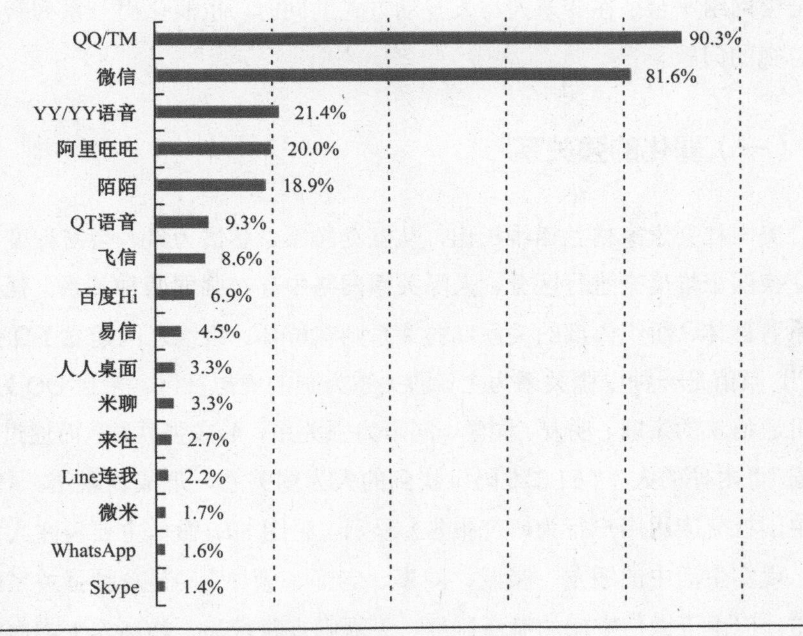

资料来源：CNNIC社交应用用户调研，2015.11。

图5　2015年手机端即时通信工具使用率

在微信这个对传统媒体产生冲击，且日益成为传统媒体的信息源之一的“特定行为活动领域”中，微型化的社交网络平台让人们的网络社会交往和网络虚拟互动变得空前自由、便捷和高效。但由于微信的“菜集市传播模式”，没有特定的“信息守门人”做把关，且由于微信使用群体“自律、道德和法律”约束的缺位和不足，以及相关治理体系和管理措施的滞后和乏力，导致了微信这一“微交网”平台大量的网络失范行为和网络社会交往问题。正如有学者所说：“人类的任何一种重大的科学发现和创造都无异于从神的天庭上窃得圣火。一方面会给自己带来光明，另一方面也会因此葬身火海。”[1]微信这一社交网络平台也不例外，近期，新华网评选出使用微信最让人讨厌的十种行为：微商刷屏，过度修图，过度秀恩爱，没完没了发自拍，疯狂刷屏，各种帮忙投票，散播谣言，转发受诅咒消息，养生文、鸡汤文霸屏，群发清理好友信息[2]。由此可见，微信作为一个即时社交网络平台，在变革人与人互动方式的同时，也演化出一系列新的不容忽视的问题。

（一）弱化的强关系

美国社会学家格兰诺维指出，从互动频率、感情力量、亲密程度和互惠交换四个维度来进行区分，人际关系网络中存在强弱两种关系。强关系维系着群体、组织内部的关系，弱关系则在群体、组织之间建立了纽带联系[3]。微信是一种以强关系为主、弱关系为辅的虚拟社区。来自QQ好友、手机通信录的亲戚、朋友、同学、同事为强关系，形成强联结；而通过“摇一摇”“附件的人”“扫二维码”找到的人为弱关系，形成弱联结。《2015年中国社交应用用户行为研究报告》显示（见图6），微信主要关注人为同学、现实生活中的朋友、亲戚、同事、老师、领导[4]，是一种强关系的强联结。但由于微信空间的微商刷屏、无原则点赞行为、鸡汤养生类内容盛行、谣言众生等原因，微信圈子里的强关系正呈现出一种弱化的趋势。具体表现为以下三个方面：一是强关系互动频率降低，如图6所示，拥有强关系的微信主要联系人为同学、现实生活中的朋友、亲戚、同事和领导，这些都是跟我们的生活和工作息息相关的人，但是在微信这一虚拟网络社交平台，人们最初热衷追求的“与朋友进行互动，增进与朋友的感情”的

---

[1] 范玉芳．科学双刃剑：令人忧虑的科学暗影[M]．广州：广东省地图出版社，1999：前言．4.

[2] 扬子晚报．玩微信最让人讨厌的10种行为，你有吗[EB/OL]. http://www.yangtse.com/keji/ 2016-05-15/860526.html, 2015-5-15.

[3] 周长城．经济社会学[M]．北京：中国人民大学出版社，2005：100.

[4] 中国互联网络信息中心（CNNIC）．2015年中国社交应用用户行为研究报告[R]．2016.

功能慢慢退化。在微信朋友圈，人们最初依托“评论”“赞”“分享”传递感情信息的形式也逐渐被异化，导致人们分享和交流的欲望降低，甚至选择屏蔽过度信息分享的好友，不愿继续互动。有网友表示，“很想在朋友圈发心情，有时候打着打着又一字一字地删除”。二是感情力量淡化，微信的点赞行为正在由注重内心共鸣和互动交流变为单纯刷存在感或维系人际关系的简单指尖运动。表面热闹的朋友圈背后反射出的是人们加剧的冷漠和疏离感。三是亲密关系变淡和互惠交换缩小，微信的商业化和产品化让越来越多的人在朋友圈分享代购信息或购物感受，分享的信息单一且利益性较强，容易导致用户屏蔽微商好友和代购信息。目前，微信商业化产品主要涉及微信支付、微店微商、朋友圈广告、付费游戏、付费表情、付费照片等，甚至越来越多的人热衷于在微信上发起众筹募捐活动。从以上分析我们可以看出，以强关系为主要纽带的熟人社交工具——微信，一方面加强和方便了人与人之间的交往，另一方面也对微信人群的强关系纽带起到了削弱和弱化的作用。在这一悖论和博弈下，我们需要以理性的态度和认知辩证看待微信这一基于熟人关系链的在线社交网络平台，以更好地发挥其维持和强化强关系的职能。

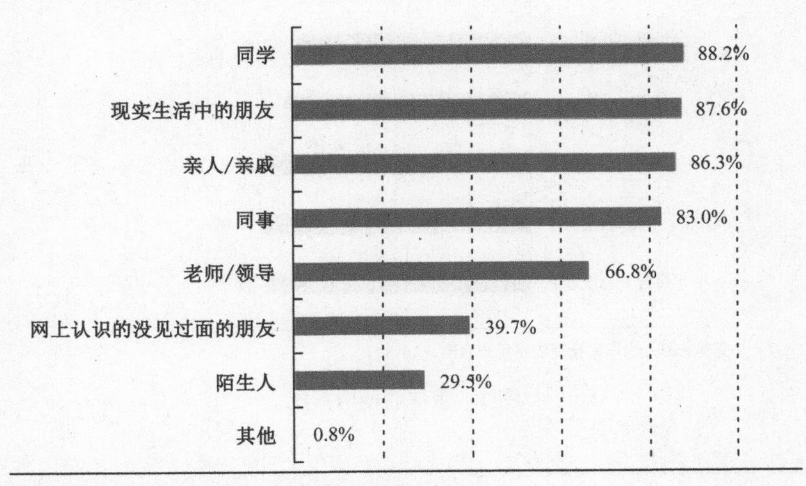

资料来源：CNNIC社交应用用户调研，2015.11。

图 6 微信主要关注人

（二）新现的“微瘾”

微信为用户提供了一个全新的互动窗口，但削弱了现实社会交流的欲望。“微瘾”即微信依赖症或微信瘾，意指微信用户因为过度沉溺于微信而不能自拔，继而导致行为失控，生理、心理和社会功能明显受损[1]。《2015年中国社交应用用户行为研究报告》也显示了这个问题的严峻性（见图 7），从微信的使用频次来看，53.3%的用户每天使用微信无数次，每天使用 10 次以上的用户累计达 87%。目前这个比例应该会更高。微信无疑已成为人们生活中必不可少的一部分。网络让媒体使用者沉迷于无压力、长时间、及时的社会交往乐趣，这种虚拟的快乐不断消减着人们对于其他媒体和社会交往的兴趣[2]。根据时间置换理论，人们把相对有限的时间让微信占据，自然会减少花在其他事物的时间，进而减少对其他事物的兴趣和参与度。微信的依赖成瘾症作为一种特殊的孤独行为，正在被更多的人所接受，进而消减人们的社会资本，如人与人之间的信任、互惠性行为、人们在社会结构中所处位置带来的资源等。同时，长期沉迷于微信这一虚拟社区，不仅会严重影响身体和心理健康，而且容易导致个人和现实社会的脱节及人际关系的紧张。

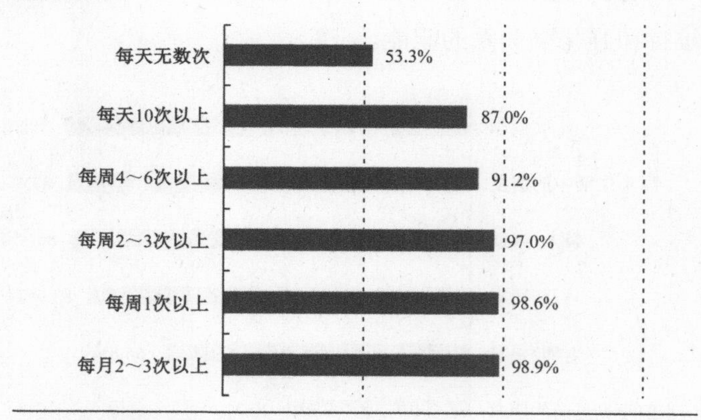

图 7　微信的使用频次

[1] 师建国．手机依赖综合征[J]．临床精神医学杂志，2009（2）：138-139.

[2] Nie N H, Ebring L. Internet and society: a preliminary report[C]// The digital divide. MIT Press, 2001:73-117.

（三）碎片化阅读

在微信交往空间，传收双方都是双重身份的人，既是信息传输者，又是信息接收者，而且更多的是被动接受信息灌输的接收者，有学者称此为“电视容器人”“电子时代新型瘾君子”“射击场靶子”“沙发上的土豆”[1]。《第十三次全国国民阅读调查报告》显示（见图 8 和图 9），我国成年国民手机阅读接触率达 60%，人均手机阅读时长达 62.21 分钟，其中，微信阅读最普及，达 51.9%，查看朋友圈中的状态、看腾讯新闻、阅读朋友圈中分享的文章的比例分别为 76.1%、63.2%、61.7%[2]。正如一枚硬币的两面，在微信社交平台的信息阅读，一方面，开创了社交阅读的新形式，另一方面，微信的私人属性、信息发布的快捷导致微信文章阅读的碎片化、鸡汤化，难以进行深度阅读。具体表现为：一是阅读的碎片化。碎片化阅读主要源于手机或平板的屏幕太小不利于长文章的翻阅阅读，以及电子屏长期闪烁会对眼睛造成刺激、引起疲劳，因此微信公众号和微信朋友圈推送和分享的文章虽然种类丰富多样，但缺乏系统性和完整性。二是阅读的鸡汤化。

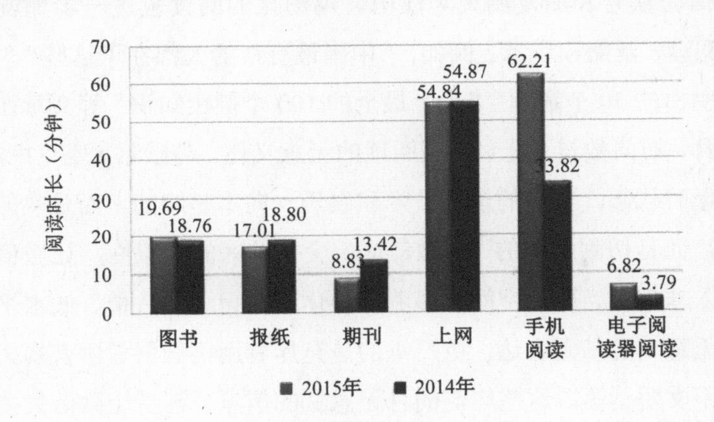

图 8　各类媒介阅读时长对比

[1] 杜骏飞．网络传播概论[M]．4 版．福州：福建人民出版社，2015：111.

[2] 中国新闻出版研究院．第十三次全国国民阅读调查报告[R]．2016.

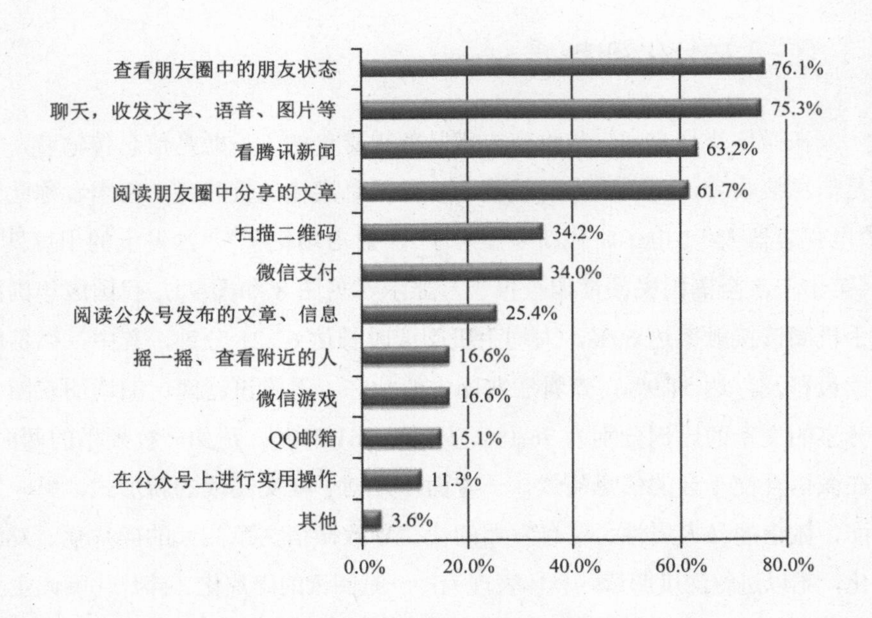

图 9　微信阅读群体通过手机微信进行的活动

打开微信，你会发现人生感悟、生活经验、职场感受、心灵鸡汤等文章占据了微信公众号和朋友圈大半江山。鸡汤化的阅读也进一步加剧了浅阅读、轻阅读、泛阅读现象。例如，“中国最有钱的人都在干这些”“30 岁之前必须明白的 50 个道理”“史上最全的 100 个健康知识”等文章在微信中屡见不鲜，访问数量至上。三是阅读的无意义化。马歇尔 · 麦克卢汉指出，从古登堡时代起，我们的全部技术和娱乐一向不是冷的，而是热的；不是深刻的，而是切割肢解的[1]。微信这一交往社区的虚拟性，让微信用户更容易陷入非理性。微信空间弥漫着碎片化语言记录的心情、低水平的信息复制、无意义的私人表达，更严重的是充斥着用语低俗、语言暴力、庸俗色情等不文明话语。这些广泛的且无意义的信息，容易让微信失去其信息获取和分享功能应有的价值。

[1] ［加］马歇尔 · 麦克卢汉．理解媒介[M]．何道宽，译．北京：商务印书馆，2000：385.

（四）泛滥的谣言

除了各种心灵鸡汤、微商营销杂货铺，微信社交平台最值得关注的问题之一就是网络谣言和虚假信息的泛滥，这严重扰乱了社会的良性运行。其中，微信朋友圈传播的即时性、广泛性、碎片性、交互性、便捷性等特点是造成网络谣言泛滥的技术原因；熟人链的传播和责任追问机制的缺失是流言式、集束式、偶然式等形式谣言信息产生的根本原因；而微信朋友圈议题形成的动机和行为的自发性，是“制假传假”的深层原因。

“自发”是事物未受规范或约束时的一种自然存在状态，是一种缺乏自觉和反思意识的存在状态，因而对于舆论未来的走向和发展趋势难以预见[1]。根据物理学中“波的能量”传播原理，自发性的网络谣言容易导致“蝴蝶效应”的产生。腾讯近期发布的《2016 第 2 期朋友圈谣言 TOP10》显示，不同谣言类别处理所占比例不同，失实报道、科学常识类谣言、迷信分别占 38%、18%、11%（见图 10）[2]。谣言大多和日常生活相关，例如，“榴梿牛奶同吃会导致死亡”“全国公交车成‘中国失联儿童守护车’”“微信群二维码过期后，微信群就会解散”“国际通用报警求助手势：同时竖起食指、中指和小指”“某地发生多起抢小孩事件”等。腾讯微信安全中心同时发布数据称，截至目前微信辟谣文章已有 58 万篇，2016 年至今，已删除公众号谣言文章 8.5 万篇，并处罚 7000 多个严重违规的公众账号，朋友圈处理谣言总链接数 120 万条[2]。这些谣言大多无中生有或断章取义，甚至打着“为家人”“献爱心”的旗号绑架网友的爱心。造谣、传谣给社会带来了很大的危害，其影响不容忽视。

---

[1] 谢新洲．互联网等新媒体对社会舆论影响与利用研究[M]．北京：经济科学出版社，2013：404.

[2] 腾讯．2016 第 2 期朋友圈谣言 TOP10[OL]．http://news.ifeng.com/a/20160517/48785779_0.shtml.

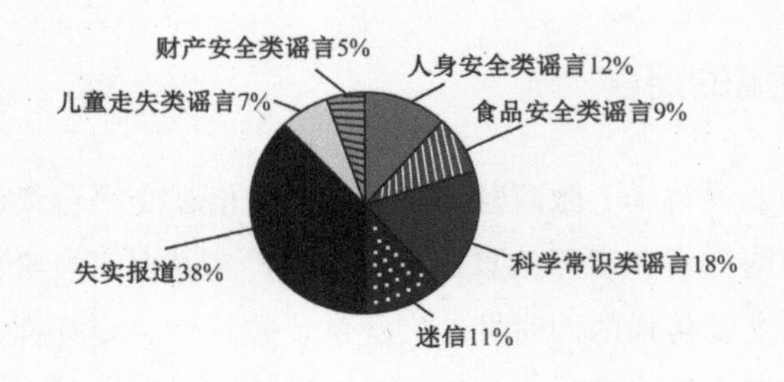

图 10 不同谣言类别处理所占比例

（五）被侵的隐私

微信作为目前最受国人钟爱的社交网络平台，其使用人数依旧呈井喷式增长，截至 2016 年第二季度，微信和 WeChat 合并月活跃用户数达 8.06 亿。巨大的微信用户群体在微信社交平台产生了巨量的社交网络信息，超 8 亿用户每天都使用微信发送或接收文字、语音、文件资料、图像、视频、购物、打车出行、投资理财等结构化、半结构化和非结构化数据，而这些数据信息中蕴藏着微信用户的个人隐私，一些非法个人或商家在利益的驱使下利用用户的大数据信息通过网络诈骗、窃取数据等方式侵犯他人隐私的行为越发猖獗。手机让“微交网”日益流行，手机也正在化身为我们的日记、钱包、银行卡，据证实，利用微信的“附近的人”这一功能，连续变换三次以上位置，再辅以电子地图，就可以清晰地定位出用户的具体位置，微信越来越完善的功能在给我们带来便利的同时也加剧了隐私的泄露。微信公众号和微信朋友圈的性格测试、投票获奖、集赞奖礼品、筹款治病、拼团买水果、帮忙砍价、转发免费送、转发领流量等骗局几乎都需要输入自己的姓名、电话号码、出生年月、家庭地址、身份证号码等信息，不法分子的目的在于零成本地窃取微信用户的个人信息[1]。如，登录免费 WiFi 并用手机输入网银卡号密码，有可能造成账户的钱被转走；手机中的

[1] 中央电视台. 揭秘微信朋友圈八大新骗局 千万别上当[OL].http://tech.sina.com.cn/i/ 2016-08-23/doc-ifxvcsrn9030532.shtml, 2016-8-23.

apk 病毒可拦截短信，开通第三方快捷支付后无需银行卡密码，仅凭手机验证码就能轻松盗刷；晒孩子照片可能给孩子带来意外伤害；扫二维码可能造成财产的损失等。

（六）变味的“晒赞”

社会学家戈夫曼认为，人与人在社会生活中的交往情景从某种程度上来说可以看作一种戏剧表演[1]。微信作为一个维护社交关系的戏剧表演舞台，人们在此自导自演，网友对表演可评可论。但随着人们对微信的依赖，用户在使用初期依托微信分享信息，网友依托“赞”和“评论”传递信息的初衷在这部戏剧表演中逐渐走样变味。一方面表现为无晒不欢，用户晒美食、晒旅游、晒恋爱、晒自拍、晒孩子、晒睡觉；微商则晒产品、晒销量、晒顾客、晒活动、晒聊天、晒感谢……这种“我晒故我在”的表演一则很少得到回应和赞美，甚至被屏蔽、被过滤；二则容易产生攀比、反感等不良情绪。另一方面表现为点赞意义的弱化，人们很多情境下的点赞行为并非是情感的真实沟通，点赞只是一个简单的指尖习惯性动作。有学者认为，“‘赞’一字在社交网络中使用的频率非常高，特别是网友看见别人的帖子想评论又无话可说的时候，只能用这一字归纳态度上的所有含混不清与暧昧。一时间，‘点赞’成了一个褒贬不明的词汇，喜欢可以点赞，讨厌可以点赞，无语可以点赞，有话要说也可以点赞……总之，点赞在社交圈中成了继‘呵呵’之后的又一个‘敷衍工具’”[2]。虽然这种说法有点言过其词，但这种“晒”和“赞”的变味无形中在弱化朋友圈的强关系，“无原则点赞党”“点赞狂魔”的现象应引起人们的重视。

---

[1] ［加］欧文・戈夫曼．日常生活中的自我呈现[M]．冯刚，译．北京：北京大学出版社，2008：3．

[2] 周婕．“点赞”并非真实沟通[J]．新闻战线，2014（2）：73．

五、求解之路

随着微信这一社交网络纵横快速拓展，这一特定的交往行为活动领域，一方面加强了网络社交的自主性和便捷性，另一方面也产生了层出不穷的新问题，甚至有网友发出感叹："没有互联的互联网，没有朋友的朋友圈"。因此，要想在大数据时代更好地发挥社交网络的"交往"功能，构建微信的良好规范和秩序，谋求和实现微信这一"热土"的正常发育和健康发展，需要在发现问题的基础上发掘求"解"之路。

（一）自律为本

微信之所以谣言泛滥，源于这一网络虚拟社区的匿名性、去群体化、集体无意识和相对自由、宽松的传播环境。正如美国心理学家帕特里夏·华莱士所言：一旦人们相信自己的行为不会被追到个人头上，他们就变得不那么受社会习俗和戒律的约束[1]。因此，要更好地解决微信在"微交网"中存在的问题，首先要加强网民的自律性，以自律为本，净化微信空间。

在认识上，微信网民要保持理性、清醒的认识。微信是一个建立和维护社交关系的互动平台，需要得到人们的善用，而不让其成为经营利益、传播谣言、侵犯隐私、实施诈骗的平台。在行动上，人们应该言行合一，把社会生活中既有的社会行为规范有效地借鉴、推演和运用到微信中，不做黑客、不看（传）虚假信息、不发垃圾信息，实现"网上"和"网下"

[1] Wallace P. The Psychology of the Internet[M]. Cambridge: Cambridge University Press,1999:124-125.

行为规范的统一。在技能上，用户要加强信息辨别技术的学习，加强信息的筛选和辨别，提升自身信息技能，理性选择，慎重传播，警惕阅读。在碎片化的微信阅读空间，要加强自身各领域的专业知识，不盲目从众，不要无事转发一些小道消息，不要借着“亲情牌”和“友情牌”强拉圈友点赞、投票、转发、捐款等，更不能以“宁可信其有，不可信其无”、“转发就能帮自己和家人朋友躲过一劫”和“带有焦虑和偏见”的心态不自觉加入谣言传播中。更不能无意识地把个人信息过多地泄露在微信这一社交平台，以免隐私被侵犯、信息被盗用。在大数据时代，人们更需要懂得保护好个人网络信息，不给网络失范分子和网络犯罪分子有机可乘。

（二）道德至上

人作为一个有自主意识的个体，无论在现实物理空间还是虚拟网络空间的交往中，都需要用道德的力量强化个体的责任。有学者曾说过，人类在进入数字化时代之际，恪守与发扬人类社会所普遍尊崇的人文操守及其基本规范，仍将是有效地防范人性在数字化构筑的虚拟世界中被异化、被扭曲的重要方式和重要途径[1]。也就是说，现实生活中需要尊崇的道德要求，在社交网络平台中也是不可或缺的。在大数据时代，最难的问题就是信息安全问题。要更好地解决这一问题，纯粹的技术手段已难以保障，恰恰如同“魔”与“道”的不断博弈，要真正根治“妖魔”，还需发挥“道义”的力量，让“妖魔”屈从于“道义”，而不仅仅是暂时屈从于“降魔术”的高明[2]。要更好地发挥微信社交平台的正面作用，网民的道德素质需同步提升。在微时代，在独特的“虚拟”社交空间，人们即使身穿哈利·波特的“隐身衣”和摆脱了现实的人伦束缚，也不能忘却社会责任和道德感，要不断提高自己的道德素养和信息素养，拒绝发布虚假信息和传播网络谣言，敢于举报微信诈骗和微信犯罪，还微信一片干净的网络空间。

---

[1] 黄健，王东莉．数字化生存与人文操守[J]．自然辩证法研究，2001（10）：47-50，70．

[2] 李一．网络社会治理[M]．北京：中国社会科学出版社，2014：87．

作为一名有道德的网民，我们需要遵从以下四点“拒绝”。

（1）拒绝传播不文明信息。微信传播的匿名性容易造成两大问题，一是个人自由主义膨胀的用户随意登记捏造个人信息；二是信息素养不高的用户图一时之快传播色情、谣言、谩骂等负面信息。微信的“去中心化”传播特点很容易使这些信息变成危害社交网络文明交往的毒瘤，慢慢扩展至整个“微交网”平台，最终影响网络社交大环境。

（2）拒绝实施道德性绑架。微信公众号和微信朋友圈经常盛传“不转不是中国人”“转发后一生平安”“是中国人就转发”“转发者一生平安”“不转三日内必有祸事”等具威胁性和煽动性的微信文章。这是微信空间的一种怪现象，一则容易引起用户的反感和排斥，二则容易造成用户的不安和恐慌。作为一名有道德的网民，应拒绝撰写和转发类似这种道德绑架性的文章，以保障每一名用户的自由和权力。

（3）拒绝进行全天候刷屏。微信朋友圈最让人讨厌的 10 种“刷屏”行为包括：微商刷屏、过度修图、过度秀恩爱、没完没了发自拍、疯狂刷屏、各种帮忙投票、散布谣言、转发诅咒信息、养生文鸡汤文霸屏、群发清理好友信息[1]。微信空间是发挥社交网络空间交往功能的平台，传统刷屏一则造成人们的视觉疲劳，二则容易引起人们的反感而将其屏蔽或删除。

（4）拒绝成为传销性微商。微时代成就了新时代的一代微商。作为一名文明的微商，应做到诚信经营、不卖假货、不进行虚假推广、不欺骗消费者、不伪造对话记录和账单记录、不泄露用户的个人信息、不霸屏不刷屏等。除此之外，更要谨防自己成为一名传销性微商，应不加入奖金分配制度呈金字塔分配形式的微商组织，不卖商品的价格和价值不相匹配的产品。应合理利用微信的经商平台，拒绝走上违法之路。

---

[1] 国际旅游岛商报网．微信朋友圈最让人讨厌的 10 种“刷屏”行为，你有吗？[EB/OL]. http://mt.sohu.com/ 20160517/n449908575.shtml,2016-5-17.

（三）法律制约

任何事物都有两面性，微信一方面利用其强大的传播机制便捷了人们的日常生活，另一方面也在不断地挑战道德和法律的底线。微信社交平台方便人们交往的同时也拉近了网络虚拟空间的距离，正如美国心理学家斯坦利·米尔格朗提出的“六度分割理论”——人们与世界上所有人建立联系最多只需要 6 个人。微信的流行让陌生人之间建立起特殊关系变得轻而易举，但也给居心不良的人带来了触犯法律的契机。

相关法律的不健全是造成微信谣言和微信犯罪的一个重要原因，例如，一些商家进行“集赞”“集笑脸”“集花”换礼品的活动，最终却难以兑现；一些旅行社以抽奖的形式免费送旅游套餐，却在旅游过程中强行中奖者到购物点消费的“挂羊头卖牛肉”的欺骗行为；微商被“消费者”设陷扫“二维码”而被盗取密码，转走银行卡所有钱；美女月入上万卖“毒面膜”，东窗事发卷钱而逃等，用户在微信平台的这些违法行为迫切需要运用法律手段来规范主体的行为，包括对肇事者进行封号、教育惩罚，如有更严重者，可根据相关法律法规对其进行处罚。目前，我国正在制定相关的处理机制，例如，微信公众平台采用技术加人工举报的方式对微信的集赞行为进行全平台清理和规范；针对微信谣言、微信诈骗，出台了《即时通信工具公众信息服务发展管理暂行规定》的微信十条；微信举报犯罪最高奖励 100 元；修正了《中华人民共和国刑法修正案（九）》，指出在微信、微博等社交平台传播虚假消息，造成严重后果的，最高将被处以七年有期徒刑。

作为一名有法律意识的微信使用者，我们应该做到以下几点。

（1）理性发帖，微信发帖同受法律制约。微信作为微时代的文化载体，其技术赋予了发帖的快捷性和便利性，使每个网民都可以成为一名草根新闻记者。但微信作为新媒体时代的手机自媒体，毕竟不是独立的王国，畅所欲言也是相对的，其话语权同样受到我国法律的制约。因此，我们不应该利用微信在微信社交网络平台攻击他人、诽谤他人、败坏他人名声，而应在法律的保护下谨慎行文、理性发帖。

（2）不传播谣言，遵守微信使用规范。微信朋友圈使用规范中对刷粉、色情、外挂、赌博、非法物品等方面进行了明确的规定，违反规定和管理的，应第一时间进行举报。同时，我们也应该提高自身的自律性，不带头在微信空间传播谣言。谣言，指的是没有相应事实基础，却被捏造出来并通过一定手段推动传播的言论。在微信平台发布和转发谣言，要根据实际情况负刑事责任、行政责任和民事责任。另外，我们要增强辨别谣言信息的媒介素养。不能因为好奇随意转发和传播不实信息，要避免转发谣言信息，首先要根据自己的文化水平进行科学判断，然后进行核实，如果没有确认这则信息是真实信息，建议不转发或不分享。谣言止于智者，微谣言止于科学、责任和理性。

（3）新媒体和传统媒体合力，共建温暖空间。一些新媒体为了追求高点击率、高收视率、高阅读率，不惜用虚假信息牺牲新闻的真实性，甚至通过造谣文章博取用户的点击率和访问率后出售广告、推销商品。这种造谣传谣行为，不仅需要发挥政府和网络意见领袖的作用，更要发挥传统媒体的引导和监督作用。对于造谣信息和不实信息，传统媒体应及时澄清，发挥自身的公信力，加强传统媒体和微信的良性互动，加强同政府、意见领袖等多方主体和多方社会力量的合作，各司其职，通过协同努力来实施综合治理，共建一个良好的微信舆论环境。

（四）技术规范

大数据时代下新一代信息技术的发展与应用是治理社交网络弊端的必要手段。不同的时代人们对技术的要求有所不同，对其功能寄予的希望也有所差别。在原始社会，人类需要石块、火、弓箭等基础的生存性技术；在农业社会，人类离不开纺织、耕作等为生活提供服务的生活性技术；在工业社会，人类离不开机器、资源等为人类享乐生活提供服务的发展性技术。而在如今的信息技术时代，人类在利用新一代信息技术为交流、通信等带来便捷沟通效率之余，发觉它正在迷失社会主体的情感态度，因而此时，我们需要利用数据技术约束技术带来的情感淡漠的社会现象的产生。

尽管互联网的控制技术具有滞后性——据统计，现在互联网的控制技术比网络发展要晚 5～10 年[1]，但从硬件建构的意义上讲，微信的正常发育和健康发展离不开一定的技术支撑，技术手段仍然是实现网络社会治理的一个极其有效的方法。比如，对用户 IP 加以录入、监测，一旦发现问题，可对其进行封存；加强过滤技术的开发，能够在微信空间进行关键词过滤、图像过滤、名单过滤、智能过滤，将不健康、不正确的言论过滤出去，从而实现网络信息的治理。

首先，擅用数据技术，实现针对性治理。大数据分析与挖掘技术的发展是“微交网”问题发现与治理的一大推动力，如 2016 年 11 月 30 日发生的罗一笑捐赠事件，在数据技术强大的作用下，仅在几天内就探寻到罗尔的财产情况并得到其被捐赠的具体数额。在大数据时代，数据技术的挖掘能力超乎想象，因而对社交网络中信息的处理要及时利用数据技术的强大效力。其次，提高技术技能，实现技术监管。对“微交网”的有效规范的最终力量在于政府的监管。为此，政府要打破数据孤岛、消除数据烟囱，实现对社交网络空间中信息的高效互联，进而提高对其监管的快速性、高效性。

（五）隐私保护

隐私问题是大数据时代的主要隐忧，同时也是“微交网”过程中主要的担忧所在。在大数据时代，技术的进一步发展使得个人信息被记录的可

[1] 杨慧霞．网络传播社会监控的难点及其可能性[J]．传媒观察，2003（12）：46-48．

能性被不断加强，人们在微博、微信和 Facebook 等社交软件中发布的大量个人信息，极易被他人掌握并快速传播，如若被非法运用，将对个人造成严重的财产、生命安全威胁。因而在“微交网”的过程中，要加强对个人信息的有效保护。为加强个人隐私安全，可以采取如下几个方式：首先，在任何一个“微交网”空间，要具备一定的安全意识，认识到自己正处于一个高风险、高危险的隐私“裸奔”时代，要提高自我隐私保护意识。其次，要加强自我道德水平的修养，认识到大数据时代下自我和他人隐私安全的重要性，不轻易侵犯他人隐私，并对他人进行引导，以免他人对自己隐私造成威胁。

（六）理性阅读

以微信为代表的移动终端上的电子阅读消解了传统书籍的逻辑性和系统性，呈现一定程度的散乱无序，这就对读者的信息素养提出了较高要求。对于微信朋友圈广泛流传的信息，微信网民要保持理性、清醒的阅读意识。为加强“微交网”的理性阅读，可以从以下三方面着手。

（1）加速阅读技术的发展。例如，媒介的去重功能可以有效地避免阅读内容同质化问题过于严重的现象，而且能够在海量的数据信息里，筛选得到最有价值的内容；同时，可以利用排版技术实现微信阅读页面的干净利落。排版技术的发展将有利于整洁大方美观的微信阅读界面的产生、发展、成熟，过滤不必要的广告、弹窗，对接大数据的智能匹配技术，可提供给读者最需要的阅读内容和最舒服的阅读模式，从而使得刺激感官的低端信息的吸引力减弱。即使在微信客户端，也能够提供无打扰的深度阅读氛围，引导受众阅读健康向上的内容。

（2）提升媒体舆论导向的责任。尽管微信对推动碎片化阅读有推波助澜的作用，但最终决定人们阅读方式的是多方合力的共同结果。应对浮躁的社会，媒体应当承担起重大的舆论导向责任。追求市场占有率是每个传媒的任务，然而赢得观众，吸引眼球，不意味着必须迎合大众，产品媚俗化。“现实世界中有严肃的文学、深刻的思想，微信等平台上也可以有，只要你想读书，读深度的东西，就可以把它当成一个小图书馆，一本杂志。”这句话对微信的公众号有振聋发聩的力量，吸引客户并不意味着一定要靠搞笑的段子、刺激的图片等，深刻而严肃、睿智而哲理、实用而优美的文字内容，越来越受读者喜爱。如，微信读书 App，人们可以在微信读书 App 上分享自己正在阅读、已经阅读或计划阅读的好书并随时随地分享自己的阅读感受。

（3）加强编辑的媒介素养。编辑应该重视微信互联互通的特性，通过网络寻找自己的受众，以最短的时间迅速地传播健康内容，并且利用微信的即时互动功能，不断调整读者、作者、出版商等各方需求，不断反馈、推送、互动，以确保自己平台的活力与影响力。因此，提高编辑的媒介技能与素养，可很好地运用微信媒体传播的优势与特点：即时互通和获取编辑灵感，迅速根据市场变化进行板块内容调整或强化，从而实现信息的快速传播，以抗击微信的毒鸡汤、谣言等不实内容，为微信理性阅读开创适宜生长的空间。

第二章

刷屏：屏读盛行的异化与消解

刷屏的盛行是新一代信息技术与当代社会文化高度契合的产物，导致了人类精神之沉溺、成长规律之背离、思维认知之碎化、情感联系之弱化和身心发展之畸形。消解刷屏异化，须厘清刷屏价值，重塑主体地位；提高自律意识，摆脱屏幕框架；加强社会合力，引导深度思考；技术与伦理同行，防范刷屏异化。

如果说流行语是客观现实的反映，那么“刷屏”这个流行词就是当今时代的客观镜像。正如大数据专家涂子沛先生所说：一个“刷”字，集中体现了移动互联网时代人类的生活和精神状态，不失为这个新时代的生动写照[1]。随着微信、微博、移动客户端、电子书等新媒体的迅猛发展和广泛普及，刷屏早已占据了大多数人的碎片化时间，成为一种生活乃至生存方式，引发了人们对屏幕阅读的广泛关注。近年来国际上不乏《第三次浪潮》《数字化生存》《浅薄：互联网如何毒害我们的大脑》《大数据时代》《必然》《读屏时代：数字世界里我们阅读的意义》等著作对数字化、屏幕阅读的预言与研究。在我国，倡导全民阅读活动已有十余年，数字阅读形式也在不断创新，屏幕日渐成为人们获取知识与信息的主要媒介。今天，屏幕阅读已然跃上指尖，成为大众的狂欢。刷屏者翱翔于比特打造的“有声有色、传神传情”“包举宇内、吞吐八荒”的屏幕世界之中，驰骋于无尽的链接、跳转之间。然而，刷屏现象在盛行的同时，也对人类的心灵与肉体造成了消极的影响，导致了信息时代人的新异化。因此，有必要探讨刷屏现象盛行的成因及其对主体异化的具体表征，在碎片化时代下优化刷屏，使屏幕这一“阅读媒介”更好地为人们服务。

---

[1] 涂子沛．2016 年度汉字遴选，“刷”应该上榜[EB/OL]．http://opinion.caixin.com/ 2016-11-22/101009922.html，2016-11-22.

一、刷屏盛行的产生

在信息时代，“方寸荧屏”使人们享受了极尽视听之烂漫的体验，刷屏现象已成为社会的一种新常态。实际上，刷屏盛行的产生不仅是新一代信息技术高度发展的结果，更是其与当代社会文化高度契合的产物。

（一）刷屏盛行的前提条件

阅读史是一部不断发展变化的媒介技术史。每一次阅读媒介的跃迁，都与当时社会的技术背景相对应，体现了人类文明的进步。要探索刷屏盛行的原因，可以追溯到阅读内容载体的历史演变过程。

第一次阅读革命是实物阅读载体的出现。在古代，文化凭借记忆、念诵与语言口口相传，当时的文化都是围绕语言展开的，我们是‘言语之民’[1]。兽骨、龟甲、泥版、竹简、绢布等承载文字符号的传播媒介引发了第一次阅读革命，人类传播因文字得以记载，实物成为人类最早的阅读载体。

第二次阅读革命是造纸术和印刷术的发明。大约在 2000 年前，蔡伦发明了造纸术，纸张使人类的阅读活动产生了巨大的飞跃，文字被提升到文化的中心位置；900 多年前，毕昇发明活字印刷术，大规模生产的图书使文化大大突破时空限制，智慧凝结在书籍中。纸张和印刷术的发明都是直接的传播革命，从手抄本到印刷品，现代文明缘起于印刷文化，大众传播时代全面展开，人类开始成为“书籍之民”。

[1] ［美］凯文·凯利．必然[M]．周峰，董理，金阳，译．北京：电子工业出版社，2016：91．

第三次阅读革命是新一代信息技术的高度发展。内容从书籍中迁移，从电视、电脑、手机再到电子阅读器、电子广告屏幕、车载显示屏……文字不再是白纸黑字地固定在纸张上，而是展现在屏幕上[1]。自1993年IBM推出全球第一款触摸屏手机以来，伴随着大数据、云计算、移动互联网等新鲜字眼的涌现，屏幕在数字化时代扮演着愈加重要的角色。无边无际的赛博空间赋予了屏幕云水般的流动性，而“视通万里”“横贯古今”的互联网使读屏者得以“刹那见终古，微尘显大千”。大数据、传感器、云计算、虚拟现实等新一代信息技术的高度发展，让世界在方寸屏幕中清晰、完整、生动地展现出来——技术让天地在屏幕中尽现，人类从此进入读屏时代，成为“屏幕之民”。

新一代信息技术的高度发展使刷屏现象成为社会常态。智能手机、社交网络、物联网、大数据、云计算、人工智能等新一代信息技术的发展，使智能终端所带来的网络互联的移动化和泛在化、信息处理的集中化和大数据化，以及信息服务的智能化和个性化得以无限地放大与发展[2]，进而引发了全民刷屏的热潮。一方面，从如影随形的移动终端到户外大屏幕的实时放映再到虚拟现实中形、声、色、体、气、味等方面的逼真仿像，现实与虚拟即时互现[3]。另一方面，涵盖各种延伸功能如百度地图、车载卫星导航、智能穿戴等的移动终端，其广泛使用也在训练和强化数字时代人们追求实时性、便捷性与交互性的刷屏行为。人类正愈发远离个体所有权的孤岛，投身于刷屏的交互巨浪中。例如，在2012年，来自伦敦的安·摩根通过Facebook、Twitter等社交网络完成了一年内阅读全世界196个国家书籍的计划；2017年除夕夜，中国网民在微信与QQ两大社交平台上共支付红包32.2亿笔。可见，移动化、公共化、交互化与直观化的智能终端，使人们在紧凑的生活中利用时间缝隙任意穿行跳转于“阅”“晒”“赞”

---

[1] [美] 凯文·凯利．必然[M]．周峰，董理，金阳，译．北京：电子工业出版社，2016：92.

[2] 李国杰．新一代信息技术发展新趋势[N]．人民日报，2015-8-2（5）.

[3] 苏状，马凌．屏幕媒体视觉传播变革研究[J]．南京社会科学，2014（8）：123-129，144.

“点击”“链接”“关注”的狂欢中，进而在社会中掀起了刷屏的燎原之势。

（二）刷屏盛行的根本原因

新一代信息技术的迅猛发展，为刷屏的盛行提供了技术支撑，但刷屏的盛行更重要的是一种技术的文化现象，是数据和信息价值的凸显、后现代主义文化语境的扩展，以及在工业社会向信息社会转型过程中数据与信息的“供”“需”水平的提升等多重力量相互作用、合力推进的结果。

首先，数据和信息价值的凸显驱使刷屏盛行。一方面，新一代信息技术导致社会日益数据化、信息化。在信息社会中，数据就是金矿，信息就是生产力。而且，信息的复制几乎不需要成本与时间，更不会因为复制而有所衰减[1]。随着市场经济和社会文化的高速发展，刷屏满足了各行各业对信息价值的追求。例如，在体育方面，2017年2月4日，数以亿计的球迷通过网络直播观看姚明球衣退役，球迷们正是通过刷屏推进了NBA的全球化；在教育方面，运用信息技术进行教学已成为国际教育改革的发展方向，即时性、交互性和多样性的信息化教育促进了互联网时代教育的深刻变革，“互联网+教育”下的多媒体教学、慕课等新兴教育方式层出不穷。另一方面，信息的快速传播也为人类创造出一个价值新世界，“新”的价值观正向信息价值倾斜，而刷屏正是人类对信息价值不断地“刷新”与“增强”，随时随地“刷”贯穿于信息的形成、知化、流动、使用、共享、过滤与互动等价值实现的全过程。刷微信、刷QQ、刷微博、刷淘宝、刷外卖、刷网剧、刷直播、刷存在感——我在故我刷[2]。

其次，后现代主义文化语境孕育刷屏热忱。马克思指出：“全部社会生活在本质上是实践的。”[3]实际上，一切社会现象皆可在社会实践中找到

[1] 余晨．看见未来：改变互联网世界的人们[M]．杭州：浙江大学出版社，2015：4.

[2] 王湛．“刷”，2016年度汉字[N]．钱江晚报，2016-12-21（A15）.

[3] 中共中央编译局．马克思恩格斯选集：第1卷[M]．北京：人民出版社，1995：56，46.

理论根源。刷屏实践正是得到后现代主义文化有力的理论支撑，从而为后现代社会生存寻找到理论合法性，同时刷屏也将后现代主义文化传播开来，使当代快速多变的后现代主义文化得以无限地放大与发展[1]。无疑，刷屏是具有明显后现代主义特征的行为模式。大众化、适时性、浅表化的刷屏行为，以及对平面的、拼贴的、碎片的、高度空间化、视觉化、消遣化、媚俗化的屏幕内容的追逐与热情，都与后现代主义的主观性、非理性、多元价值、对抗精英主义、狂欢性及颠覆性等特点遥相呼应[2]。后现代主义和新一代信息技术，特别是移动互联网的结合，重塑着刷屏的内容与形式，促进受众参与式的刷屏现象进一步流行。

最后，数据与信息的“供”“需”水平的提升加速推动刷屏的盛行。刷屏的滋养与成长是数据洪流之需与信息时代之供共同作用的结果。一方面，数据洪流之需。当下快速的生活节奏、冗杂的信息汪洋使刷屏者被抛进海量资讯造就的旋涡中心，感官膨胀的刷屏者或因喧嚣尘上的浮躁之心而涌入浅尝辄止、娱乐消遣的刷屏浪潮；或是迫于生活与工作的重压而奔忙于占领实用的信息高地。人们因在刷屏中寻得信息的价值、心灵的休闲、精神的愉悦与自我的安置奔赴并浸润于数字浪潮的虚拟海洋中。另一方面，信息时代之供。新型社会生活方式背后所折射出的是整个社会生产力的发展。马克思指出：“真正的财富就是所有个人的发达的生产力。”[3]基于此基础纵观人类发展史，从农业时代、工业时代再到信息时代，是整个人类物质和劳动得到进一步解放的结果。同时，政治、经济、文化的深刻变革赋予了人类更大的灵活性和自主权，使人们在信息时代身兼接受者与生产者的角色。而与社会繁荣对应的市场需求显示出高度商品化、消费主义、大众闲暇等网络社会的特征。于是，科技企业为占有市场不断推出日益强大的智能终端，赋予人们独特的体验。刷屏作为现代人适应信息时代

---

[1] 徐文翔．微博的后现代生存解读[D]．济南：山东师范大学，2013：11.

[2] 王子舟，周亚，巫倩，等．“浅阅读”争辩的文化内涵是什么[J]．图书情报知识，2013（5）：15-21.

[3] 中共中央编译局．马克思恩格斯全集：第31卷[M]．北京：人民出版社，1998：104.

的生活方式，无疑被更多人接受和使用。最终，在由工业社会向信息社会的转型中，数据与信息的“供”“需”水平的提升成为推动刷屏盛行的加速器。

二、刷屏盛行的异化

在数据和信息时代，人们沉浸于赛博空间，迷失于海量的数据和纷繁的信息流中，精神被屏幕所操控，身心也逐渐畸形发展，人类最终深陷屏幕所构建的新“座驾”之中——“人被约束于此，被一股力量安排着、控制着，这股力量在技术的本质中显现出来，但同时是人所不能控制的力量。”[1]正因为如此，海德格尔呼吁：人类必须注意技术创造的新的约束方式。过去，人类在机器生产中丧失自我；如今，人类正在刷屏中沉沦——屏幕已成为异化人类的“新工具”。

（一）人类精神之沉溺

群体化、遮蔽化、海量化的刷屏正消耗着人类自我意识所必需的注意力，降低与自我的联系，日渐瓦解着人类的意识、精神、道德与价值，致使人类行为趋于盲目化、从众化与失控化。根据弗洛伊德的精神分析理论，人若是集中注意力，心理活动中的意识即能觉察，而不符合社会道德和主体精神的潜意识则无法进入意识[2]。充斥着欲望、利己与感官刺激的刷屏迎合了潜伏着的人类天性，潜意识在屏幕下无节制地狂欢，导致主体

[1]［德］海德格尔．1966年答〈明镜〉记者问[Z]．外国哲学资料（第五辑），1980：177.

[2]［澳］弗洛伊德．梦的解析[M]．高兴，成煜，译．北京：北京出版社，2008：8-11.

意识的麻木、主体精神的沉溺，以及网络暴力的产生。

首先是主体意识的麻木。古人阅读推崇“三上”的法则，“坐则读经史，卧则读小说，上厕则阅小辞”；现代人的“新三上”则是在“坐、行、卧”皆刷屏。刷屏者因其被群体接纳与关注的需求在屏幕中得到满足，便两耳不闻屏外事，逐渐成为鲁迅笔下的麻木看客。“我思故我在”变为“我刷故我在”。著名文艺评论家陈丹青在对《娱乐至死》一书的评论中说道：今天的我们处在一个信息和行动比严重失调的时代，在空前便利的电子传媒时代，我们比任何时候都聪明，也比任何时候都轻飘[1]。

其次是主体精神的沉溺。刷屏往往是网络上群体在无意识促进与操作下进行的。遮蔽性的刷屏往往会构造出言论自由、个性张扬、存在感放大、价值感满足的假象，而缺乏“自我意识”的刷屏者极易迷失于屏幕中，长此以往将导致主体精神的沉溺。正如美国心理学家金伯利·S·扬博士基于大量的问卷调查和临床研究得出：“所有的问卷表答复者中有 25%的人报告说他们在上网的最初 6 个月里就着了迷。另外有 58%的人在他们接触互联网的最初 6 个月到 1 年时间里已经达到了上瘾的标准。剩下 17%的人在他们上网的第一年时间里没有上瘾。由此可见，大量的使用者在最初联网以后便会快速地上瘾，那么已经成为互联网上瘾者的实际人数可能还要更高——而且每天都在猛增。”[2]“刷屏”“族”“低头族”“网奴”“微博控”“微信控”“电游迷”等，正反映了人们精神沉溺的客观现实。

最后是由精神沉溺引发的各种网络暴力问题的产生。由于精神沉溺，迷失于“刷屏”中的个体易出现言语攻击、侵犯隐私（人肉搜索）、种族歧视、恶意攻击、网络性别暴力、网络骚扰和霸凌等网络暴力行为。从美国网络暴力第一案中 13 岁的梅根·梅尔因在“MySpace”（聚友网）上遭遇网友的嘲弄与侮辱最终自杀身亡到 2009 年中国的“8.27 儿童网络暴力

---

[1]［美］尼尔·波兹曼．娱乐至死[M]．章艳，译．北京：中信出版社，2015.

[2] 转引自徐瑞萍．信息崇拜论[J]．学术研究，2007（6）：34-39.

事件”，再到2017年煽动青少年自杀的“蓝鲸”社交游戏正从俄罗斯蔓延至全球等多起悲剧昭示我们：“零门槛”、社群性、遮蔽性的刷屏空间正成为魔鬼的礼拜堂，放大着人们现实生活的空虚与人性中的阴暗面，使人们陷入刷屏异化的怪圈。

（二）成长规律之背离

全民刷屏时代，刷屏现象正消解着童之为童的纯真，破坏着其成人循序渐进的自然生长规律。皮亚杰的认知发展理论认为，智力是长期适应环境的结果，是儿童与周围环境共同积极参与的产物[1]。即获取知识的方式促成儿童循序渐进的智力发展模式。刷屏的渗透性、多元性、交互性正不断地破坏着人类原本循序渐进的智力发展模式。

过去，由于媒介技术的限制，人们只能设计与儿童心理、认知发展相对应的文字和书籍等平面媒体，其隔离了儿童和成人世界，导致童年的产生[2]。如今，儿童与屏幕相伴成长，屏幕成为儿童获取信息与知识的主要媒介。不同于报纸、杂志、广播等传统媒介，新媒介不断打破禁锢儿童认知能力的边界，颠覆了一对一、一对多的简单传播模式。但由于儿童自律能力弱、家长教育缺位，儿童接触了原本受到严格管理与限制的“成人世界”，实然的认知图式受到污染，智力发展模式被逐渐解构，使得儿童成长呈现出异化的发展模式。

塔夫兹大学儿童发展心理学教授玛丽安娜·沃尔夫在《普鲁斯特与乌贼：阅读如何改变我们的思维》中结合心理学、教育学、考古学、历史学及神经科学的观点，揭示了阅读行为正在改变整个人类物种的智力进化

[1]［美］瑟琳·加洛蒂．认知心理学：认知科学与你的生活[M]．吴国宏，等，译．北京：机械工业出版社，2015：323.

[2] 李辉，孙飞争．论思想政治教育新媒体环境的本质[J]．思想教育研究，2016（12）：57-60.

过程[1]。数字化浪潮加速了数字时代下儿童语言思维与举止行为的“成人化”，“屏幕危机”正使童之为童的纯真逐渐丧失。此外，来自美国埃默里大学的技术评论家马克·鲍尔莱教授在其著作《最愚蠢的一代》中以统计数据表明，数字化时代下年轻美国人对于屏幕的依赖正在影响着他们的健康成长。马克·鲍尔莱教授甚至用“愚蠢”来形容这一代的美国年轻人。此书与尼古拉斯·卡尔在《大西洋月刊》杂志上发表的“谷歌是否让我们变得愚蠢?”一文共同标志着屏幕（信息）技术对年轻一代智力影响批判的转变[2]。尼尔·波兹曼在媒介批判三部曲中也提出：在电子媒介时代童年与成人的界限正逐渐模糊，“童年”概念的消逝已成为世界性问题[3]。

（三）思维认知之碎化

无中心、无边界的刷屏现象正解构着钟表时代“整齐划一”的时空概念，撕裂个体线性思维模式的阅读方式，阻碍人之为人的深度思考能力的培养——如何安放阅读心灵家园，已成为时代之问。

屏幕语言逐渐瓦解人们线性思维的阅读方式。传统的阅读模式受书籍的空间影响，文本的编排都有贯穿始终的中心思想和内在统一的逻辑结构。人们静坐案旁，翻阅书籍，在阅读时伴有停顿、反复、沉思及质疑，长此以往，造就了一种线性思维的阅读方式。自印刷术发明以来，线性思维成为高等生灵认知基础的基石。如今，从电视、电影到电脑、手机再到手表、iPad、电子广告屏、车载显示屏……信息从书籍流动到屏幕，人们的阅读模式也逐渐转移到屏读上。面对海量的数据、巨大的信息量，人类的思维与屏幕中动态流动的像素高度匹配，变得更为敏捷，习惯于以爆炸

[1]［美］玛丽安娜·沃尔夫．普鲁斯特与乌贼：阅读如何改变我们的思维[M]．王惟芬，杨仕音，译．北京：中国人民大学出版社，2012.19.

[2] Cooper K J.IT: Intellectually Taxing?[J].Diverse Issues in Higher Education,2009,26（3）：11-12.

[3]［美］尼尔·波兹曼．童年的消逝[M]．吴燕莛，译．北京：中信出版社，2015.

式方式来收发信息，最终演进出非线性的思维路径，思维方式呈现发散性、碎片化的特征，造成认知的浅表化。当下，蛊惑性的标题、煽情性的言语、娱乐性的内容、跳跃性的链接、夸大化的数据、美图后的照片，甚至充斥着暴力和色情的污染信息，导致读者思维的游离与断链。

心理学家帕特里夏·格林菲尔德认为，虽然电视、视频游戏、互联网的视觉功能或许可以极大地提高视觉智能，但付出的代价却是损害人们进行深度思维加工的能力，包括获取知识、归纳分析、批判性思维、想象和反思的能力[1]。马歇尔·麦克卢汉在《理解传媒》中提出的线性思维消解的预言在刷屏时代正成为现实。而尼古拉斯·卡尔在《浅薄：互联网如何毒害我们的大脑》一书中则以多种神经医学、心理学的实证研究为基础进一步论证屏幕世界如何重组人类的大脑，人之为人最本质的“沉思冥想”能力如何变成鲁莽进步的牺牲品。

（四）情感联系之弱化

屏幕使人从实体世界进入虚拟世界，以弱联系、横向联系、虚拟联系的新型情感模型颠覆了人类现实中固有的强联系、纵向联系、现实联系的情感模型，建构出网络中的“第二自我”，加速了现代人在数据和信息社会中的深度异化。

首先，人类情感由强联系向弱联系转变。20 世纪 70 年代，马克·格兰诺维特站在时代的前沿最早提出用 Tie（联系、连接）来定义屏幕间的社交网络关系，并且阐述了弱连接理论[2]。2011 年，麻省理工学院著名的社会心理学教授雪莉·特克在《受束缚的自我：技术重塑亲密与孤独》中

[1]［美］Naomi S. Baron．读屏时代：数字世界里我们阅读的意义[M]．庞洋，周凯，译．北京：电子工业出版社，2016：219.

[2] Granovetter M S. The Strength of Weak Ties[J]. American Journal of Sociology,1973, 78(6)：347-367.

提出，技术是人类情感关系的建筑师[1]。这意味着，当人们不停地点击与刷新 Facebook、Twitter、电子邮件时，技术不仅在为人们服务，同时也在异化人与人的情感模型，人类情感联系正经历着由强联系向弱联系的转变。随着博客、微博、微信等自媒体和智能手机的普及与使用，“众声喧哗”和“哗众取宠”的基本屏幕生态孕育出跨地域、跨领域、跨时空的群体共振、群体共鸣及群体快感的新常态[2]。个体借助互联网“刷”出了新型的人类情感，异化了固有的情感模型，形成了新的情感联结模型。现实生活中，人们虽共处同一空间甚至共坐同一餐桌旁，却未真正地一起交谈、互动与相处，而是沉迷和穿梭于手机间的信息流动，情感交流演化为符号的传输。

其次，人类情感的横向联系逐渐取代纵向联系。近年来，伴随移动互联网的发展，网络行为变得简单、匿名与普遍，屏幕社交日益盛行。马克·鲍尔莱教授在受访时指出，屏幕社交正前所未有地强化了现代人的社交需求，对他们而言，屏幕社交已成为他们生活的一部分。然而，屏幕社交往往发生在同辈之间，人们拘囿在屏幕所建构的“同辈框架”中，与后辈的情感联系逐渐淡化。遵循相同的步骤与规则，与血缘之亲却逐渐淡化，人类情感的横向联系逐渐取代了纵向联系。

（五）身心发展之畸形

刷屏时代生产出一批批的“低头族”，且刷屏现象对人的身体健康与能力发展都造成了不良影响。具身认知的系统动力学理论认为，身体、大脑与环境共同构成了一个认知动力系统，它们三者之间存在着一种耦合性

[1] Turkle S. The Tethered Self: Technology Reinvents Intimacy and Solitude[J]. Continuing Higher Education Review,2011,75：28-31.

[2] 周晓虹．社会心态、情感治理与媒介变革[J]．探索与争鸣，2016（11）：32-35.

关系，并基于因果事物的动力循环持续推动着整个系统的进化[1]，即“低头族”若禁锢在刷屏的围城，身体在屏幕中消弭颓废，主体最终在屏幕前弃械投降，萎靡不振。

据《重庆晨报》的“儿童低头看手机=27 公斤重物压颈”一文报道，当儿童 60 度低头玩手机时，脖子要承受的重量会达到 27 千克，相当于一个 7 岁儿童的体重，如今 100 个来骨科就诊的孩子中，就有 10 个有脖子痛、肩膀痛等脊柱方面的问题[2]。近年来，在中国社交平台上甚至有人不惜牺牲身体健康，推崇并且加入 A4 腰、锁骨放硬币、反手摸肚脐等畸形的审美挑战。此外，近视眼、屏幕脸、耳机耳、鼠标手、萝卜腿、颈椎病与中枢神经失调等病态的形成都与“刷屏”现象存在一定的关联。另外，身体能力的弱化也体现在音乐上，由于无线音箱、人体感应器等信息技术完善了智能手机的配置，人们只要划一下手机屏幕，音乐便随即流泄，这也让原本可以发声的人体乐器与传统声乐乐器可以用数字来表达。最终，屏幕所塑造的“低头族”沉迷并穿梭在手机数据和信息流中，成为屏幕的臣民，导致身心发展的畸形。

三、屏读异化的消解

刷屏的盛行是自我认同追求与满足的结果，是人们在信息超载的大数据时代寻求自身价值的产物。因此，应高度重视刷屏盛行的异化问题，从

[1] 王美倩，郑旭东．基于具身认知的学习环境及其进化机制：动力系统理论的视角[J]．电化教育研究，2016（6）：54-60.

[2] 顾晓娟．儿童低头看手机=27 公斤重物压颈[EB/OL]. http://epaper.cqcb.com/html/2016-01/ 28/content_193013.htm，2016-1-28.

技术、文化哲学的视角对其进行深刻的哲学反思，以探寻刷屏优化的现实路径，提升刷屏的价值理性，使屏幕真正服务于人类在大数据时代和信息社会中的生存和发展。

（一）厘清刷屏价值，重塑主体地位

刷屏作为一种技术的文化现象，在导致人异化的同时，也具有其独特的时代价值，关键是怎样扬长避短，合理使用。这里，厘清刷屏价值，重塑人的主体地位则具有十分重要的意义。

首先，高扬主体地位，加强主体性建设。国际著名阅读研究专家理查德·C. 安德森认为，人们面对不同的媒介究竟是在思想，在娱乐，还是在获取信息；是追求智慧与高雅，还是迷恋低俗，主要取决于有主体意识的人[1]。一方面，需要提高大众的媒介素养：提高对网络信息的搜索、获取、筛选、处理与传播能力；加强读者网络阅读技能的指导，把阅读技能、信息素养的培养逐渐渗透到教学实践和社会实践中，提高青少年辨别、评估虚假信息的综合能力；提高大众正确认知与有效使用数字阅读的能力，形成良好的刷屏习惯。另一方面，要重视青少年刷屏素养的教育，培育“新一代刷屏群体”。通过营造健康的刷屏环境、定义刷屏的意义，引导青少年把刷屏与自身优势、兴趣相结合，在刷屏时有意识地获取灵感与新知。如时下盛行的 STEAM 教育，包括“编程+游戏”、3D 打印、App 开发等充满趣味性的教育方式，不仅迎合信息时代的需求，更培养了青少年的逻辑思维能力。

其次，耦合虚实媒介，重塑阅读习惯。新媒体环境的空间特征绝不仅仅在于其虚拟性，而是虚拟性与现实性的耦合[2]。耦合即现实与虚拟通过指尖触屏相互传递，虚实两个空间可以互动影响，这样才能存在价值。因

[1] 杨沉，张家武．为网络阅读正名[J]．图书馆，2012（05）：43-45.

[2] 李辉，孙飞争．论思想政治教育新媒体环境的本质[J]．思想教育研究，2016（12）：57-60.

此，应耦合虚实媒介，整合屏媒与纸媒的优势以重塑阅读习惯。一方面，关注刷屏资源的总体设计。从阅读材质与阅读内容上降低读者刷屏的认知负荷；积极发挥刷屏中信息联动与有效互动的优势，深化读者对作品的理解。另一方面，阅读要与时俱进，耦合虚实媒介。第一，进行多媒体元素整合。如通过二维码桥接图书与数字信息，搭建连接世界各地知识和文化、提供多语言支持的旨在普及使用的全球数字图书馆[1]；第二，在地铁站、候机厅、车站、广场、公园等人口密集地建设城市电子图书借阅机，潜移默化地加强用户体验感受，培养人们的阅读习惯；第三，借鉴发达国家的读书振兴政策，把阅读战略上升到国家层面上，如 1998 年美国的“一个城市读一本书运动”，如今已扩展到美国的 46 个州和加拿大；日本的“我们社区家庭图书馆运动”使日本小村庄都建立了公共图书馆[2]。因此，面对刷屏重构阅读方式的猛烈攻势，需耦合虚实媒介，厘清刷屏价值以重新拾起对人类品格塑造、心智培养与人生启迪大有裨益的阅读习惯，进而重塑人的主体地位。

（二）提升自律意识，摆脱屏幕框架

人若是拘泥于技术，就会陷入“假亦真时真亦假”的虚拟境地，弱化人与人之间的情感交流。随着技术的不断发展，人们逐步沉沦于屏幕所建构的“信息数字框架”中，屏幕展现出深层的遮蔽性，以致“屏幕之民”并未意识到自己的身心已被屏幕影响，导致不可挽回的恶果。

马克思在《1844 年经济学哲学手稿》中指出:“人的类特性恰恰就是自由的有意识的活动。”[3]因此，人类所特有的主体自律性与动物出于本能、不受拘束的随意性有根本的区别，人的活动不是随意与为所欲为的，而是

[1] Fox E A, Marchionini G. Toward a worldwide digital library[M].ACM,1998：32.

[2] 李正春，边铀铀．对数字时代出版市场与阅读环境变化的诊断及预测[J]．郑州轻工业学院学报（社会科学版），2011（1）：15.

[3] 中共中央编译局．马克思恩格斯选集：第 1 卷[M]．北京：人民出版社，1995：46.

基于对自我的约束与认识的。在刷屏时代，人的活动与动物的活动本质区别体现在人能有计划地、理性地突破、把控与驾驭屏幕框架从而不断地超越自身，即自律给予自由。而要加强主体的自律性，可从以下几方面着手。

首先，刷屏者应学会管理自身的欲望，提高自控力。儿童正处于身心不成熟、判断能力较低等特殊年龄阶段，极易在数字洪流中迷失自我，丧失儿童的纯真。因此，更加需要家长在日常生活中身体力行地引导。

其次，全面加强自律性管理，以屏幕软件约束个体行为。在网络空间中，人与人之间的关系具有间接的性质，直接的道德舆论评价难以进行，外在的道德约束力被弱化。因此，加强网络社会中个人的道德自律就显得更加重要。这种以“慎独”为特征的道德自律，能使人在独自一人或在他人完全不知的情况下，仍保持高度的道德自觉，仍能保守自己和把握自己，使自己的行为符合道德规范。同时，加强自律性管理要学会制订严格的日程与作息安排表，学会在海量信息中坚持自我，保持自身的独立性与计划性。美国著名管理学家德鲁克提出：所有卓有成效的管理者都懂得对时间的控制与管理不能一劳永逸，应持续不断地做时间记录，定期对这些记录进行分析，还必须根据自身实际为重要事项定下完成的期限[1]。因此，为了适应数字化时代的生存，个体应有意识地选择有利于自身管理的刷屏软件，因势利导，加强自身的自律性。例如，运用时间管理软件记录时间消费；在健身软件上实行每日健身打卡；在写作工具与英语晨读 App 上制订每天的练习目标，等等。

最后，把握刷屏的尺度，珍惜独处与群居的时间。独处是指为了提高“自知之明”而在日常生活中不断地自我进步、自我发现、自我意识与自我反思，而亲密情感的联系是一对一彼此建立关联的。所以，应把握好虚拟世界与现实世界的平衡，摆脱虚拟现实的拘囿，关注自然，加强身体锻

[1] [美] 彼得·德鲁克. 德鲁克管理经典[M]. 李维安，王世权，刘金岩，译. 北京：机械工业出版社，2007：208.

炼，欣赏外部世界，打破屏幕所建构的“框架”。此外，要注重亲密关系的建立与维持，加强人际交往与对话，进而在哲学高度“认识自己”，实现自身的健康发展。

（三）加强社会合力，引导深度思考

在碎片化时代，人所特有的沉思、专注与反省等自觉能动性正不断地被“刷新、点击与链接”冲击，重拾人的深度思考能力需要全社会的合力。

首先，家长提升自律意识，以身作则。一方面，应转变观念。2001年，国际知名的教育领域的领导者马克·普连斯基创造了“数字原生代”的术语[1]。“数字原生代”是指浸润在视频游戏、电脑、数字音乐播放器、手机等屏幕世界中成长起来的新生一代[2]。面对从“静态信息时代”的书本阅读到“信息流时代”的数字流阅读的变化，家长应用亲子阅读取代“数字保姆”，满足儿童特别是青春期孩子对于存在感、价值感和被赏识与认可的心理需求。另一方面，社会合力以提高家长的屏幕导航能力与效果。研究表明，如果屏幕上的内容是为学习而设计的，即使年龄很小的儿童也可以获得识字和语言发展的重要技能，当孩子在使用屏幕时，有家长或者教育者的陪伴和引导，并与其谈论他们正在做什么或看到什么，学习就会加深，同时有利于增强家庭内部的联系与传承传统文化中的价值[3]。2015年10月，美国儿科学院宣布：将对关于儿童如何使用屏幕时间的建议进行更改，由不惜一切代价地避免屏幕转变为指导家长和教师使用屏幕以助力孩子学习。在此之前，美国非营利组织Zero to Three（零到三）发布了

---

[1] Marc P. Digital natives, Digital immigrants[J].Journal of Distance Education,2001,292(5):1.

[2] Rudi A. The Digital Natives Are Restless: Inspiring a New Generation of Learners[J].School Business Affairs,2012,78(12):8.

[3] Guernsey L, Levine M H. Nurturing Young Readers: How Digital Media Can Promote Literacy Instead of Undermining It[J].American Educator,2016,40.

“Screen Sense（屏幕意识）”报告，致力于父母关怀和家庭导航，帮助孩子在屏幕的世界中茁壮成长。因此，提高家长的屏幕导航能力与效果将需要社会，包括帮助孩子更多地接触学习工具的数字试验媒体、提供各项程序技能指标与类型的在线应用商店、设计屏幕内容的技术编辑公司、制定新时代教育政策的国家教育机构等合力。

其次，学校应注重人文关怀，重塑教育生态系统。在网络环境下，学生通过刷屏触及的信息具有无与伦比的广度、深度和速度，不断削弱着教师的权威[1]。例如，课堂上老师讲课时满嘴白沫，学生却沉浸在手机的虚拟世界里。因此，教师应提高自身的信息素养以满足信息时代的需要，致力于自我技能的提升，不断更新知识储备和能力储备；运用新一代信息技术转变教学模式，活跃课堂氛围，提高教学效率，引领学生从虚拟世界返回现实生活中；以人文关怀唤醒学生对人生价值与品质的追求，重塑学生的人生信仰，塑造与提升自我精神[2]。另外，应创新教育内容，培养数字公民。刷屏时代是人类教育的新时代，鉴于新一代信息技术的迅猛发展，学校应该培养负责任的“数字公民”，使学生了解在数字社会中的角色和职责[3]。

再次，在刷屏时代把阅读与传播媒体结合，充分发挥传统媒体与自媒体的优势，助力与深化阅读价值。一方面，传统媒体树立新形象，实现媒体深度发展。作为社会触角的媒体人要增强媒介素养，重塑传统媒体形象。记者在面对隐蔽性和迷惑性的信息时要增强辨析信息真伪的能力，坚守良知、责任与职业道德。记者也要转变思想观念，重视社交网络，使社交网络成为媒体实现亲和力的重要手段。另外，新闻中心要建立深度报道体制，

---

[1] Li S. Exploration and Reflection on Teachers' Self-Growth under Network Environment[J].2010, 3(2): 158.

[2] 郭涛．回归人本：人学视域下马克思主义信仰教育的具体进路[J]．河南师范大学学报（哲学社会科学版），2016，(06)：47-51.

[3] Isman A, Canan Gungoren O. Digital Citizenship[J].Turkish Online Journal of Educational Technology-TOJET,2014,13(1):73.

彰显深度文章的独特魅力，客观、理性地对事件进行梳理与深挖，加强对报道内容的把关与人文价值的保障，促进刷屏者深入地思考与交流。另一方面，打造与发展深度自媒体。“自媒体”一词最早源于2001年丹·吉尔摩在其博客中提出的“新闻传播3.0阶段，即‘草根传媒’阶段，人人皆可传播”[1]。在以人为本的社群经济和追逐个性的年代，自媒体进入了黄金时代。在依靠大数据体系、算法、开放的内容平台进行“流式阅读”的同时，须重视自媒体内容的生产模式，强化内容的编辑，依靠专业性、独到性、领域性、优质性与深度性的内容来维系读者黏性。

（四）技术与伦理同行，防范刷屏异化

面对刷屏盛行所造成的“屏幕危机”，人们应坚守伦理底线，把握刷屏的尺度和方向。美国著名的技术哲学家卡尔·米切姆在论述第四代技术哲学的发展方向时提出：对技术进行伦理反思不仅是跨学科的问题，而且是跨学界、全球性的问题[2]。各方应该重视技术发展的道德责任，从伦理中寻求拯救的力量。

首先，以政策驱动伦理研究，形成“刷屏规范”。家庭、学校、媒体、政府等社会主体对刷屏异化的冷漠与宽容，以及国家关于技术伦理的“政策真空”现状使技术伦理难以形成研究的基础，技术异化现象正以刷屏现象异化的新形式凸显出来，而技术、伦理与政治密不可分，技术伦理的有效运用离不开制度规范的支持。因此，应把对刷屏现象异化的防范上升到国家层面乃至形成全球性的共识，以政策驱动技术伦理机制化的建设与发展，加强对刷屏盛行引发的伦理问题的研究。

其次，伦理经验先行，突破伦理困境。虽因时代背景的不同，各国展

---

[1] 王蕾．自媒体时代对“内容创业”的批判思考[J]．新闻界，2016（22）：58.

[2] 卡尔·米切姆，王楠．藏龙卧虎的预言，潜在的希望：技术哲学的过去与未来[J]．工程研究——跨学科视野中的工程，2014（2）：122.

现的刷屏异化形式相异，但先进国家关于技术伦理的研究成果不容忽视，其在一定程度上指明了技术哲学视野下消解刷屏异化问题的发展方向。第一，创新伦理教育，提升伦理素养。随着越来越多的学生接受（义务）技术伦理的课程，基于网络、游戏创新技术伦理教育，将技术伦理教育纳入技术教育课堂环境将成为提升刷屏主体的伦理素养的有效途径。例如，荷兰三所技术大学（德尔夫特大学、艾恩德霍芬科技大学和特温特大学）的哲学讲师，合作开发了基于Web的教授道德伦理的网络计算机程序Agora，学生通过Agora创建不同的分析模型和进行不同的案例练习，使其能够广泛地行使他们对技术伦理的理解和实践技能[1]；美国的STEM教师通过组织体验式的游戏学习模式来保持学生的兴趣和参与度，增强学生对技术伦理的认识，使其在技术实践中意识到技术伦理的重要性[2]。第二，技术伦理与实践同行，把探究刷屏异化现象落实于技术伦理机制化建设中。德国技术哲学家伦克和罗波尔指出，由于现代技术活动不是个人的个别的活动，而是一种有多个主体参与的、复杂的、与社会的经济和政治相互交融的系统活动，因此技术伦理学要想在实践中发挥作用，必须机制化[3]。当下，刷屏异化现象所呈现出的具体异化现象囊括了人的身心异化、数据异化、网络异化及信息异化等多种新异化形式。为消解新异化问题，技术伦理应面向现实，关注刷屏异化引发的热点问题。将刷屏异化现象的技术伦理建构当作伦理系统的一个重要部分考虑，在实践上完善技术评估机制，建构和完善具有前瞻性、指导性、开放性、思辨性和应用性的技术伦理机制，优化刷屏，使其更好地为人类服务。

---

[1] Burg S V D,Poel I V D. Teaching ethics and technology with Agora, an electronic tool[J].Science and Engineering Ethics,2005,11(2):277.

[2] Weidman J, Coombs D. Dodging Marshmallows: Simulations to Teach Ethics[J].Technology& Engineering Teacher,2016,75.

[3] 王国豫．技术伦理学必须机制化[N]．社会科学报，2016-08-25（5）．

第三章

学习：大数据与求知新路径

大数据对学习的影响是革命性的,这导致了学习方式个性化、学习资源海量化、学习思维新型化、学习过程可记录和学习活动协作化。同时也产生了新的问题：数据冰冷，情感缺失；资源冗杂，效率背离；数据蛰伏，思维错觉；技术依赖，记忆失能。探索大数据时代求知的新路径，就要保持头脑之理性，实现学习方式之更新，转变教育之心理，完善评价之多元，实现学习文化之革新，从而建构基于大数据的学习综合生态系统。

学习贯穿于人类社会的始终，但在不同的时代具有不同的形式，并因而具有不同的内涵。从封建时代平民受制于等级森严、空间闭塞、愚民压制的私塾式学习模式到工业时代依靠“铁”的纪律运行、生产流水线管理、标准批量化来实现其高效性所构建的工厂式学习模式，再到基于物联网、云计算等新一代信息技术催生的数据支撑的科学式、智能化的个性化学习模式，学习的内涵在不断扩大，学习的新态势日益凸显。如今，大数据正在撼动着世界的方方面面[1]，以其无所不在、无孔不入、无坚不摧的方式渗透于社会和教育的各个方面，贯穿于人类从牙牙学语到获取知识、领悟智慧的人生始终，更孕育了千禧一代、数字土著等新新学习主体，其浪潮也必将推动一场人类脱胎换骨的学习革命。而大数据热潮引发学习新态势的同时也产生了一系列新的问题。因此，有必要分析大数据时代学习的新态势与新问题，探讨大数据场景下优化与创新学习的新路径，使大数据更好地为教育与学习服务。

---

[1] ［英］维克托·迈尔-舍恩伯格，肯尼斯·库克耶．大数据时代[M]．盛杨燕，周涛，译．杭州：浙江人民出版社，2013.

一、大数据时代学习的新态势

（一）学习方式个性化

新一代信息技术所催生出的最显著的变化便是人类社会的数据化，而学习数据化正推动着学习个性化的发展，其逐步突破了传统教育的体制障碍、观念束缚与思维惯性。同时，在移动互联网和物联网等技术的助力下，数据绚烂地穿梭于人们相互沟通与交流的过程中，将人类史无前例地连接在一起，新的学习环境与学习习惯正逐步形成，人类的学习能力正不断增强。信息交互所产生的大量数据也得以可量化、精准性地分析，学习正得到系统性、科学性和个性化地改进，变得更具效率、更为泛在、更显个性。

大数据时代大大增强了人类自由选择自主学习方式的可能性，并有机会去挖掘潜能以弥补自身的缺陷，增强自身的学习能力。大数据与传统数据相比，有着非结构化、分布式、数据量巨大、数据分析由专家层变化为用户层、大量采用可视化展现方法等特点，这些特点正好适应了个性化和人性化的学习变化[1]。正如Facebook创始人马克·扎克伯格认为：个性化学习是目前许多教育困境的答案。在大数据下挖掘每个学生的个性和天赋，尊重并且着眼于学生自身发展，作为新的机会发挥每个人的潜能、优势基因，来实现人生真正的价值和个性，这正在演化为大数据时代人类竞赛中得以生存的重要方式。如今，日益膨胀的学习人数、更广泛的学习群

---

[1] 魏忠．大数据时代的教育革命[N]．江苏教育报，2014-8-6（4）．

体、多样化的知识需求、指数级增长的数据正使学习与数据的联系愈发密切，基于数据开放、数据共享、数据可分析、可量化以满足个性化学习体验、提升教育质量的混合式学习设计、学习测量、自适应学习技术、移动学习、物联网、下一代学习管理系统、人工智能、自然用户界面等成为《2017 地平线报告（高等教育版）》采纳技术中的新兴技术[1]。

基于大数据支撑下的个性化学习正成为学习的新常态。在政策层面，中国在 2017 年教育工作总体要求中提出要“构建网络化、数字化、个性化、终身化的教育体系”；在实际操作层面，美国 K12 教育中以“深度个性化学习”为核心的 Altshool，便充分运用基于数据捕获和分析来量化学生各项指标的个性化任务清单（Playlist），以及通过追踪任务清单的数字平台 My AltSchool 等工具来确定学生教学内容和教学进度，从而为学生提供最符合其个性与需求的学习方式。

（二）学习资源海量化

大数据时代快速发展的信息生态、不断缩减的知识半衰期[2]及万物互联等基本社会环境孕育着生生不息的学习资源，新知识以爆炸性的指数型生成，信息不断拓展，知识边界不断延伸，学习资源呈现海量化特征。

过去，由于技术及人类大脑的储存容量受限，学生获取知识的信息源主要是教师与教材，信息更新缓慢。如今，云计算、物联网、可穿戴技术、大数据、互联网等技术深深植根于社会并不断重塑教育，用于创建海量化、多形式、智能化的学习资源。第一，基于互联网的数字学习资源可以实现迭代改进的快速循环。免费、便捷、可捕捉、可量化、可传递的数据资源由占有变为分享；资源享有者、消费者、生产者的角色日益重叠；基于学

---

[1] 王运武，杨萍．《2017 地平线报告（高等教育版）》解读与启示——新兴技术重塑高等教育[J]．中国医学教育技术，2017（2）：117-123.

[2] 西蒙斯，李萍．关联主义：数字时代的一种学习理论[J]．全球教育展望，2005（8）：9-13.

科知识、教学活动、海量优质学习资源相整合的网络课程正动态地持续生成且可以立即改进并发布在互联网上。第二，数字技术更吸引了来自其他行业的新人才，也激发了数字学习资源的生产。许多教师和越来越多的学校正在利用这些资源扩大学习，补充或替代印刷版材料，而数字学习计划也在世界各地火热开展。例如，中国台湾的教师和学生可在校园内使用宽带网络，学生不仅可以随时使用不同类型的数字设备进行在线学习，而且可通过云设备获得数字学习资源来进行无处不在的学习[1]。第三，越来越多的可用性和先进的数字化学习系统的采用改变了学习资源的性质和发展，学习资源的展现覆盖了云平台、可视化、个性化过滤、模拟、游戏、互动、智能辅导、协作、评估和反馈等多种形式。可见，学习者在海量资源的助力下达到之前难以媲美的学习进程和学习体验，极大提高了学习效率与学习水平。

（三）学习思维新型化

在触手可及的智能终端、随时随地的学习空间、无处不在的学习数据的作用下，新一代学习主体的“母语”正转变为以电脑、手机和互联网等新信息载体显示的数字语言，其大脑结构也随之改变，具体表现为其学习思维正展现出非线性、多回路、关联性、跨界性的特征。

过去，有限的教学资源、相对闭塞的信息、按部就班的教育方式造就了学生线性的学习思维；如今，“数字土著”成为新一代的学习主体，电脑游戏、电子邮件、互联网、手机和即时通信都是他们生活中不可或缺的组成部分，其面临着与传统学习截然不同的学习数据化与网络化的重大挑战。学习者正日益以互联网思维来获取与评估信息，这对学生来说尤其至

[1] Yang S J H, Huang C S J. Taiwan Digital Learning Initiative and Big Data Analytics in Education. Cloud[C]. Iiai International Congress on Advanced Applied Informatics. IEEE, 2016:366-370.

关重要[1]。其处理数字信息的心理倾向主要表现为：对以数字形式呈现出的信息敏感性急剧减弱，习惯于快速地接收信息，热衷于并行处理和多任务工作，如随机访问（如超链接搜索）等，偏爱从图片而不是文本获取信息，在即时满足和频繁奖励中成长，喜欢游戏胜于“严肃”的学习方式等[2]。维克托·迈尔-舍恩伯格指出，大数据是人们获得新的认知、创造新的价值的源泉[3]。因此，作为承载信息、知识和智慧的大数据随着文明进程的发展和扩大正全方位地影响着人类，人们在学习、数据与信息中不断地寻求契合点，以进行有效的融合，构建适合自我的学习路径与学习方法。

（四）学习过程可记录

传统的大班制教学活动受制于人工处理能力及技术条件的束缚，难以对学生的学习过程产生可分析的数据。大数据时代，个人学习路径不仅可以完整地被捕获，而且将伴随学生的整个生命周期，并使大数据驱动的教育决策得到及时且科学的反馈与发展。

数据化、可视化的学习过程正推动科学决策、成就跟踪与终身学习的发展。大数据在教育领域的运用在 20 世纪 80 年代至 90 年代尚处于起步阶段。而在 90 年代至 21 世纪初期，在线学习蔚然成风，数以百万计的学生参加在线学习课程，改变了教师教学和学生学习的方式。这种现象开辟了收集和处理学生数据和课程活动新的方法和渠道。在大数据场景中，课程中每个学生的入学课程评估、讨论板输入、博客入门或维基活动等都可以立即记录并添加到数据库中。此外，这些数据将按照学习的方式实时或

---

[1] Graham L, Metaxas P T. “Of course it’s true; I saw it on the Internet!”: critical thinking in the Internet era[J]. Communications of the Acm, 2003, 46(5):70-75.

[2] Prensky M. Digital Natives, Digital Immigrants[J].Journal of Distance Education,2009, 292(5):1-6.

[3] ［英］维克托·迈尔-舍恩伯格，肯尼斯·库克耶．大数据时代[M]．盛杨燕，周涛，译．杭州：浙江人民出版社，2013：9.

接近实时收集，然后基于分析软件以数据驱动教育决策[1]。美国新媒体联盟在《2015 地平线报告》中提到，记录学生完整的学习路径以改善学习，可用于在学习社区内建立和形成身份和声誉，并可作为工作和大学申请的凭证——数字徽章在未来五至六年内可能成为主流的新兴教育技术。可见，大数据分析工具正不断进步与发展，时刻采集与分析学生的学习状态、学习强项与弱项、学习进度等数据，并以可视化方式呈现，使学习过程得到数据化地采集。

（五）学习活动协作化

世界扁平、信息爆炸、阶层淡化、社交便捷的大数据时代拓展着日益广泛的学习共同体。建构主义学习理论认为：知识是孩子通过与他人的社会互动和协作来构建的，而不是简单地吸收教师的知识灌输[2]。协作为大众在纷繁的数据中获取信息、产生智慧提供了捷径，正成为大数据环境下实现全面发展、终身学习的独特力量。

在数据开放、信息易得、个人闲暇增多的智能化时代，聚集不再受限，社会化探究学习成为可能，协作式学习生态正推动着学习浪潮的发展与精神探索的深入。越来越多的合作式学习研究证明，当孩子们协作学习时，他们分享着建构想法的过程，并在协作中相互激励、努力创造、深刻反思与协同解决问题[3]。印度教育学家苏伽特·米特拉经过一系列的实验，发现协作的孩子几乎可以自学任何东西，例如，1999 年，苏伽特·米特拉和他的同事在印度新德里接壤的一个贫民窟里安装了一台连接互联网的计

---

[1] Picciano A G.The Evolution of Big Data and Learning Analytics in American Higher Education[J]. Journal of Asynchronous Learning Network, 2012,16(4):9-20.

[2] Huang H M. Discovering Social and Moral Context in Virtual Educational World[J].Computer Mediated Communication,1999:19.

[3] Mitra S, Rana V. Children and the Internet: experiments with minimally invasive education in India[J]. British Journal of Educational Technology,2001,32(2):221-232.

算机，并将其留在那里（带有隐藏的相机）。贫民窟的孩子们仅仅依靠互助式学习来学习计算机，不久之后已经能够在计算机上学习英语并且通过各种各样的网站搜索科学问题。他还创建了自主学习环境（SOLE）——教育者作为调解员鼓励孩子们以社区为单位来用互联网探寻问题与“自组织的调解环境”（SOME）——世界各地的退休老师已经自愿通过 Skype（免费的互联网视频会议系统）每周投入一小时来参与助力孩子学习的小组工作[1]。

当然，协作中在注重共享、互动、反思和参与价值的同时，更要保持自我的独特性，在群体中凸显自身的价值。因为当技术介入之后，学习者唯有在更大的社群里重新寻找独立的价值，在这份价值与信念上，才能拥抱更大的社群[2]。

二、大数据时代学习的新问题

（一）数据冰冷，情感缺失

目前，大数据之于个性化学习更多的是依靠算法来实现的，同时也面临着无法预测人类的情感态度、价值观念、直觉灵感等人类主观能动性的问题，这些使个性化学习陷入程序化禁锢的危机。

大数据时代的预测精准度与个性化程度正在向着“无法驳斥”的方向

[1] Mitra S. How to Bring Self-Organized Learning Environments to Your Community[EB/OL]. https://www.theschoolinthecloud.org/.

[2] 杨晓哲．五维突破：互联网+教育[M]．北京：电子工业出版社，2016：7.

发展，个性化学习是基于大数据预测、以机器算法为基础进行操作改善与实时推进的[1]。Google 的人工智能围棋系统 AlphaGo 便是通过基于大数据的智能算法战胜人类的。然而，学生终究不是机器，学生除了具备知识的需求，更多的是情感需求。传统的教育强调师生、生生面对面交流与学习，教师在教学中具有榜样示范的作用，具备绝对的权威与尊严；学生在传统学习中能获得精神满足式的激励效果，与他人进行意识相遇式的情感表达与精神交流。

因此，伴随大数据发展的个性化学习若是忽视人的元素，不注重学习基础设施建设，漠视“人件”，将导致大数据学习的热处理、温导入与冷输出，与大数据同行的学习者可能成为情感缺失的学习机器，不利于自身与社会的发展。

（二）资源冗杂，效率背离

流动性与可获取性使数据变得更多、更杂。一方面巨浪般奔涌而来的学习资源正颠覆传统的学习方式，提高学习的个性化；另一方面大数据的混杂性与不精确性更挑战着学习者的学习与认知能力，易导致效率背离的问题。

学习资源冗杂易导致信息过载，产生认知超负荷问题。首先，以几何级数传播的资源通过打破时空阻隔、物质匮乏与学习资源分配不均，使获取学习资源已不再成为学习者自我增值的障碍，然而由于大数据具有大量、价值密度低的特征，信息过载或资源迷航随着大规模开放在线课程（MOOC）的崛起不断影响着学习的质量与效率。其次，尽管互联网上随时可获得的数字学习资源为教育工作者提供了更多的选择，且证据表明，所选择的学习资源对于学生的学习有很大的影响。然而，对大多数学

[1] ［英］维克托·迈尔–舍恩伯格，肯尼思·库克耶．与大数据同行：学习和教育的未来[M]．赵中建，张燕南，译．上海：华东师范大学出版社，2015：84-86.

习资源的有效性几乎没有进行研究和评价，因而带来了选择的困难[1]。最后，正如吴军在《智能时代：大数据与智能革命重新定义未来》一书中提出的，大数据还具有多维度、全面性与革命性的特征[2]，与此对应的时空、数据、信息与知识也展现出了多维度、碎片化、虚拟性与易变性的特点，这必定对学习者的认知产生一定的挑战。传统的面对面讲台教学转化为占有一定比例的线上时间与线下辅导相结合的混合学习模式是当今的一个大趋势，如果新的在线虚拟学习环境未能仔细设计，在学习新的内容或技能时，由于长期记忆的缺乏，可能会导致学习者的工作记忆力有限（超载），进而产生学生认知超负荷问题，学生便会陷入混乱状态，并产生孤独感与焦虑感，存在低动力和高辍学率的风险[3]。

（三）数据蛰伏，思维错觉

数字技术冲击着人们的遗忘权与删除权，人类判断的固有模式日渐重塑。大数据成为教育者决策的工具和衡量学生优劣的标尺，而删除权的丧失正束缚着学生自我进步与成长，最终会加剧教育者思维判断的失误，使其产生思维错觉。

未来评估者回顾过时的个人数据将使其潜意识受制于旧数据，最终产生固化、片面及不公正的判断。人类身处数据化的圆形监狱中，个人行为被数据化、被凝视、被共享、被记忆及被同化。在大数据时代，人类的记忆与遗忘的原有平衡已被反转，记忆变成常态，而遗忘却成例外，大数据记忆正威胁着人类的思维能力、决策能力、应变能力和学习能力[4]。如今，

---

[1] Chingos M M, Whitehurst G J. Choosing Blindly: Instructional Materials, Teacher Effectiveness, and the Common Core[J].Brookings Institution, 2012:28.

[2] 吴军．智能时代：大数据与智能革命重新定义未来[M]．北京：中信出版社，2016：63-74.

[3] Olsson M, Mozelius P, Collin J. Visualisation and Gamification of e-Learning and Programming Education[J]. Electronic Journal of e-Learning, 2016, 13(6).

[4] ［英］维克托・迈尔-舍恩伯格．删除：大数据取舍之道[M]．袁杰，译．杭州：浙江人民出版社，2013.

以个性化定制为目标的学习分析软件与学习系统正不间断地采集个体在学习生活中产生的大量数据，其作为大数据在教育中的基本组成部分可以通过预测模型来检查有风险的学生，并提供适当的干预，然而学习分析也存在巨大的不确定性，并缺乏可视化的指标。担任由孟加拉裔美国人萨尔曼·可汗创立的世界级教育平台——可汗学院的“数据分析主管”的贾斯·科梅尔提到，“为了提升平均准确度并让学习曲线的末端显示更出色，我们可以在早期打击那些能力较弱的学习者，并怂恿他们中途放弃”[1]。可见，学生身负着整个学校教育生涯中的实际行为数据，学习过程正被前所未有地量化与记录，这些蛰伏于学生时代的海量数据正成为束缚学生进步、成长与改变的潜在隐患。

（四）技术依赖，记忆失能

学习的过程是不断回忆旧知识、记忆新知识的过程，然而随着世界数字化，人类记忆便逐渐依赖于外部的技术。“外脑存储”“记忆外包”正成为生活常态，大量的信息正从大脑转存到外部，产生“数字健忘”等问题。

世界数字化正对学习和记忆信息方式产生持续且显著的影响，最突出的表现便是记忆外包、数字健忘。在一项研究中，对 1000 名 16 岁及以上的消费者进行调查，发现有 91%的人把互联网和数字设备作为记忆的工具。另一个对 6000 人的调查发现，71%的人不记得他们孩子的电话号码，57%的人不记得自己的电话号码[2]。这表明依靠数字设备来记忆正在导致“数字健忘”的问题。尼古拉斯·卡尔在《浅薄：互联网如何毒害我们的大脑》一书中提出记忆外包与文明消亡的问题：“当我们把记忆任务推卸给外部数据库，从而绕过巩固记忆的内部过程时，我们可能就会面临专注

---

[1] ［英］维克托·迈尔-舍恩伯格，肯尼思·库克耶．与大数据同行：学习和教育的未来[M]．赵中建，张燕南，译．上海：华东师范大学出版社，2015：76.

[2] Saima N. The internet is eating your memory,but something better is taking its place[J].The Conversation,2015,10.

能力的丧失，个体深度、独特个性及共享的社会文化深度的丢失与大脑宝藏被掏空的风险。”[1]可见，过度依托技术进行记忆的行为习惯将潜移默化地弱化、危及甚至瓦解个人的记忆功能。

三、大数据时代学习的新路径

（一）保持头脑之理性

大数据技术正编织着比特与原子混杂交互、虚拟与现实逐步交融的社会新形态，随时随地刷屏、搜索、抉择与学习正成为一种人类的生活乃至生存方式。面对海量的数据、巨大的信息量，人类的思维习惯以爆炸性的方式来收发信息、摄取知识，最终演进出非线性、发散性、碎片化等思维新形态。这些都说明了保持头脑之理性的重要性。

保持头脑之理性需要重视阅读、搜索与学会判断。苏伽特·米特拉认为，在今后的大数据时代，只有三种最基本的东西是学生用得到和必须学的：一是阅读，二是搜索，三是辨别真伪[2]。首先是学会阅读。今天，超过 50 亿张的数字屏幕在我们生活中闪烁，屏幕上五花八门的碎片化信息以松散的方式聚集在一起，这些碎片化信息极易把读者的注意力带离核心[3]。因此，无论是通过纸质阅读还是通过屏幕阅读，都应理性地思考与推理，

---

[1] ［美］尼古拉斯·卡尔．浅薄：互联网如何毒害我们的大脑[M]．刘纯毅，译．北京：中信出版社，2010：244-245.

[2] 魏忠．大数据时代的教育革命[N]．江苏教育报，2014-8-6(4).

[3] ［美］凯文·凯利．必然[M]．周峰，董理，金阳，译．北京：电子工业出版社，2016：92-98.

在阅读中反思与建构自己的观点，把控与牵制自我，养成深度阅读与思考的行为习惯。其次要学会搜索。简便、快捷的搜索由于技术依托与人类惰性日渐成为生活里偷懒的哲学，面对海量、冗杂的学习资源，如何在碎片化中提取信息显得尤为重要。美国学者乔治·西孟斯认为：管道比管道中的内容物更重要，即由于知识不断增长进化，获得所需知识的途径比学习者当前掌握的知识更重要[1]。最后要学会辨别真伪。牛津字典将“后真相”命名为2016年的年度词汇[2]。真相正被社会不理性、主观与冗杂的信息所掩盖。每天，移动设备上的数千种来源正巨浪般地扑向学生，真相不再来自权威，而是由受众一个碎片一个碎片实时拼接出来，屏幕之民创造他们的内容，构建他们自己的真相[3]。因此。应重视信息的保真度、可靠性、有效性和主要来源，仔细、周全并基于现实地对信息进行评估，进行批判性思考和辩论，保持理性头脑才能形成驾驭新时代的世界观。

（二）实现学习方式之更新

随着社会大环境的变化与教育资源的不断重组，学生获取知识不再局限于单一的师生来源，教师的角色已从知识的主导者与传授者转变为知识传递的辅助者，以学校为中心的学习正在重构。因此，应跟上学习大环境变化的脚步，实现学习方式的更新升级。

以不断迭代升级的数字工具产品为依托，在数字时代探索新型的学习方式，以满足学习者在新环境中的新需求。首先，充分运用现有的技术并发展以大数据为依托的新型技术，将虚拟与现实的数据、信息融入人体本身，让信息离学习者更近。运用谷歌眼镜、HoloLens、Cicret手环、Apple Watch，以及在2015年TED大会上展示的传感背心等可穿戴设备、沉浸

[1] 西蒙斯，李萍．关联主义：数字时代的一种学习理论[J]．全球教育展望，2005（08）：9-13.

[2] Zachary M W.Nurturing Critical Thinkers in a Post-Truth World[EB/OL]. http:// www.wise-qatar.org/nurturing-critical-thinkers-post-truth-education-zachary-walker，2017-5-15.

[3]［美］凯文·凯利．必然[M]．周峰，董理，金阳，译．北京：电子工业出版社，2016：94.

式设备、三维打印技术、人工智能技术等，可颠覆许多内容的学习方式[1]。其次，在新技术的助力下发展“富裕”的学习方式，孕育全新的学习形态。未来的学习将在新型技术的支撑下呈现出面向未来、按需学习、达到激发潜能与提升幸福感的新特征，学习者应适应不断变化的社会大环境，自主、积极、科学地了解、选择与适应新型学习方式，包括碎片化学习、游戏化学习、混合式学习、协作学习、量化学习、移动学习与个性化学习等，最终实现学习方式的更新升级。

（三）转变教育之心理

如今，信息大爆炸，知识指数型增长，若安于活在当下，不思寻变，只会成为时代的傀儡。因此，在人人都可以成为创客，组成个人化平台的数字时代，作为辅助者的数字移民应不断寻变，努力提升学习者的好奇与兴趣，并使其收获学习的幸福感。

随着学习新时代的来临，为实现受教育者的集体转身，对数字移民提出了极大的心理需求。首先，数字移民应按需改变，真正承担起孩子向导的角色。为适应在心理、习惯上都不断改变的学生，缩小与新式学生的鸿沟，数字移民教师应主动去了解学生的新世界，加入学生中以帮助他们学习和整合数字时代的信息与知识，不断创新教学方式[2]。例如，以充满数据的游戏平台为学习工具，使数据成为提供学生学习情况反馈的接口，激发新式学生的学习兴趣与欲望。其次，数字移民应持续学习，注重培养创造力思维。尽管世界著名教育心理学家霍华德·加德纳已表明有多元智能，然而，教育者倾向于以难且窄的事实和逻辑为基础的各种智力开发，支持标准化的测试工作与传统的学习方式如死记硬背，破坏了孩子的创造力。在以大数据为依托的智能社会到来之际，人们若是止步于观望、犹豫与踟

[1] 杨晓哲．五维突破：互联网+教育[M]．北京：电子工业出版社，2016：216.

[2] Prensky M .Digital Natives, Digital Immigrants[J].Journal of Distance Education,2009, 292(5):1-6.

蹰，将很可能成为迷茫与被社会进步抛弃的一代。所以，应转变教育与学习心理，拥抱大数据与智能机器，争当2%的善于学习、改变与创新的人。

（四）完善评价之多元

伴随从工业时代到信息时代对人才能力需求的转变，学习体系应围绕需求提供多样化、规范化、正式性的发展机会，融合教育大数据来发展新型的认可和认证次级系统，以并入现有的教育系统中，最终实现评价的过程性、多元性与全面性。

工业时代，传统的评价标准局限于卷面分、学位证及辍学率，而大数据时代的社会将会是学习与未知的社会，与此对应的人才标准更多地展现出智能社会的特征，评价标准也应更多地关注学习能力、社交技能、协作能力、批判性思维、语言和逻辑能力等综合能力。因此，评价应向过程性、多元性与全面性转变。首先，评价过程化。除了传统的考试、论文与平时作业，评价将渗透学生的日常生活，如图书馆的借书及还书数据、作息的规律性、上课的认真程度等各个方面，随时随地基于个人大数据、微观大数据进行评价、分析与预警。其次，评价的多元性与全面性。传统政策制定者、教育系统和学校应与时俱进，用数字化学习系统收集成绩测试所不能捕捉到的重要品质数据，以改进评估内容和过程。第一，将评估嵌入数字学习系统，从学习系统挖掘数据来评估认知技能。美国伍斯特理工学院研究表明，研究学生与学习软件互动所产生的数据信息，特别是学生在回答错误问题后的回应情况有助于预测且改善学生未来的数学表现；第二，从学习系统挖掘数据，以评估非认知技能。传统的教育并不明确地衡量包括认真、自信等的非认知性质量，然而美国学者温莉瑞儿创建了一个基于游戏的持久性评估，该测试在控制性别、视频游戏体验、预测测验知识和享受游戏后，对学习的持久性进行预测评估[1]；第三，虚拟环境中的探究技能评估。哈佛大学的克里斯·德德和研究团队一直在研究使用虚拟世界

[1] Ventura M, Shute V. The validity of a game-based assessment of persistence[J]. Computers in Human Behavior, 2013, 29(6):2568-2572.

（沉浸式环境）进行科学学习和评估，并表明使用模拟环境评估难以测量的学习成果（如科学探究技能）的可行性[1]。因此，学习评价将会与大数据结合来改变、创新测量方法，基于学生行为的量化与可视化可实时记录与评估，并提供全方位的反馈信息。

（五）实现学习文化之革新

大数据与学习是一个多元的学习生态，需要多方合作才能实现实质性、常态性的突破。因此，为构建新型的教育生态系统，需通过重构学习内容、学习空间、学习目标与学习理论来全方位打造基于大数据的学习综合生态系统。

第一，整合注重人文关怀的数字化学习内容。扎根当地教育大环境，将开放式的学习内容与本地环境、本地语言、本地课程设置相匹配；突破程序化的禁锢，注重价值观、情感态度及生命价值的教育，走出漠视生命学习的困境；以促进数字公平为目标，注重数字文化与网络基本素养培养。

第二，重构未来学习空间。首先，社会化协同办学。引进社会资源，如引入大数据技术人员、工匠，以共同促进学校角色功能的转变，使其由实验场转变为知识的加工厂。其次，从学生层面、教学层面、科研层面与管理层面加强校园大数据应用价值的运作与研究建设，注重建设学生个人数据中心。最后，创新学习空间，使网络空间与物理空间相结合，如创客空间、众创空间与分布式远程教室，等等。

第三，树立面向未来的学习目标。适应时代的新需求，让数据技能与读写数学能力的地位同等重要；注重人工智能目前无法逾越的技能，包括社交能力、语言与逻辑能力、社会协作能力、创新能力等；随着数据科学

[1] Means B, Anderson K. Expanding Evidence Approaches for Learning in a Digital World[J].Office of Educational Technology Us Department of Education, 2013.

家需求的增长，应培育下一代数据科学家[1]。虽然大学已经开始提供大数据本科课程及研究生课程，但与目前就业市场的高需求相比，数据科学家仍然大量短缺。数据科学家的巨大短缺源于缺乏一个结构化的K12大数据计划，一旦实施这个计划，它可以培养学生适当的批判性思维，以及理解和操纵大数据及其应用所需的归纳推理和分析技能[2]。

第四，注重大数据学习理论的顶层设计。人类文明、历史往往被科学推动，因此应更新大数据科学，使大数据学习理论为现实做指导；探索大数据时代学习的新规律，构建指导学生学习的科学理论；拓展大数据学习的边界，使其成为发挥人类潜能、天赋与个性的重要力量。

---

[1] Lane J E. Building a smarter university: big data, innovation, and analytics[M].State University of New York Press, 2014.

[2] Tong P, Yong F. Implementing and Developing Big Data Analytics in the K12 Curriculum- A Preliminary Stage[C].Puerto Rico：Big Data and Analytics Edcon, 2015：1-10.

第四章

阅读：大数据时代浅阅读探讨

大数据时代浅阅读的盛行是新一代信息技术与当代社会文化和心理高度契合的产物，深刻影响着人的生活乃至生存方式，同时也产生了新的异化形式：知识结构的碎化，思维方式的异化；主体意识的迷失，精神成人的阻碍；真实在场的缺失，文化传承的失落等。从技术文化哲学的视角反思当代阅读问题，有助于探寻消解浅阅读带来的新异化：提高素养，胜任时代阅读；伦理建构，强调以人为本；加强自律，提高主体意识；社会助力，营造理性氛围。

浅阅读在大数据时代一般指基于信息技术的、浅层次的、轻快的、娱乐性的、碎片化的阅读内容、阅读方式和阅读思维。追溯其历史，浅阅读自古有之——速读、缩读、扫书、泛读、浏览、一目十行、眼一瞥……一直是人们的阅读方式之一。然而，浅阅读成为一种盛行的阅读范式，却是由微博、微信、移动客户端、电子书和触摸屏等高新科技、后现代社会文化思潮和社会心理共同推波助澜形成的。这一大数据时代蔚为壮观的全民浅阅读狂潮，已经并继续冲击着人们的知识系统、思维建构、主体意识、精神成人、真实在场和文化传承，已演化成一个必须认真面对和深入研究的问题。

一、大数据时代浅阅读盛行之缘由

在大数据时代，浅阅读的盛行涉及技术、文化和心理等多重因素。新一代信息技术的高度发展和广泛普及是浅阅读盛行的前提条件，但其盛行的根本原因是信息技术与后现代社会文化和心理的高度契合与合力推动。

（一）浅阅读盛行的技术成因

阅读与技术息息相关。每一次技术革命都推动了阅读的进步，与此对应，阅读史与阅读媒介史几乎同步发展。阅读是人们从符号中获得意义的一种社会实践活动和心理过程，也是信息知识的生产者和接受者借助文本实现的一种信息知识传递过程[1]。在远古时期，人类凭借木片、树皮、陶片、甲骨、布条……记录、传递、继承当时贫乏的信息；随着造纸术的发展，手抄本和朗读文化由此盛行并开创了“读”书时代；而古腾堡印刷技术的发明，促成了印刷文明的全面绽放，而读物种类的空前繁荣与数量不断增加，无疑推进了聚精会神的、沉默寡言的深度阅读之流行。在这种基于印刷媒介的传统阅读中，阅读载体的容量是有限的，阅读文本以文字为主，呈现为“一种线性的、单一逻辑结构的只读文本”[2]，人们线性思维的认知模式和薪火相传的智慧就此生成。从此，人类文明的传承跨越时空的限制，从有声有色、声情并茂的朗读时代进入了宁静沉着的默读时代，

---

[1] 赵崇岩．网络语境中文献检索的阅读教学[J]．教育探索，2009（4）：46-47.

[2] 蔡骐．移动互联时代的阅读变迁——对浅阅读现象的再思考[J]．新闻记者，2013（9）：13-17.

阅读从公众活动更多地走向私人化。技术的发展变化推动着以阅读为中心的人类文化的发展变化。

如今，新型传播媒介、大数据技术、触摸屏技术的发展，使得我们刚刚逃离了书本的桎梏，立即又陷入了屏幕的围城——原本依附于书籍的信息，现在流淌在无边无际的屏幕上。在其自由的流动中，读者与作者间的信息传播借由移动终端突破了时空限制，文本阅读集实时性、联通性、交互性、便携性和可移动性等诸多优点于一身。由此，阅读真正成为一种可以随时随地以任何方式针对任何对象进行的主动性的社会活动[1]。然而，阅读越是唾手可得，人们就越习惯遵循时间经济原则，利用坐车、排队、如厕等碎片化时间进行阅读，整体上呈现快速、零散、浅表化的特征。于是，传统的主流阅读方式不由自主地从线性的、连续的、理性的深度阅读模式朝着快速的、零碎的、肤浅的浅阅读模式转向。

同时，这一转向源于人们基于技术的发展所激发的数据爆炸、信息超载而选择的应变之举。屏幕媒介技术的繁荣、互联网技术的腾飞、移动终端的普及、大数据技术的兴盛，使得在屏幕上传达的信息呈现爆发的、海量的、杂乱的特点，犹如凡·高的名画《星空》，混淆人们的视线，眩晕人们的大脑。传媒大师马歇尔·麦克卢汉说："水手自救的办法，是研究漩涡，并与之合作。从研究中得到乐趣，乐趣又给他提供了逃出漩涡迷宫的线索。"[2]为了应对生存的压力和迅速解开信息迷宫之谜，以及截取海量的信息，人们接收信息的方式和阅读内容的偏好都有了自觉的调整——浅阅读实质上是他们的一种自救办法[3]，即便所得只是消耗了注意力，削弱了思考力，磨平了阅读的深度甚至纯粹消磨了时间。在这个大数据时代，数据"大"才为美，似乎已经成了颠扑不破的真理；而通过浅阅读追求"大"数据和"多"信息，也已成为阅读行为的新常态。

---

[1] 蔡骐．移动互联时代的阅读变迁——对浅阅读现象的再思考[J]．新闻记者，2013（9）：13-17.

[2]［加］马歇尔·麦克卢汉．机器新娘——工业人的民俗[M]．何道宽，译．北京：中国人民大学出版社，2004：146.

[3] 蓝亭．浅阅读与深阅读：读还是不读？[J]．图书馆建设，2008（4）：83-86.

（二）浅阅读盛行的文化成因

新一代信息技术的发展为浅阅读的盛行扫平了技术制约的障碍，但这一现象发生的深层原因在于这一浅表的、碎片的、多元的阅读模式适应了当代社会人们追求速度、信息崇拜、消费快感的诉求，是后现代主义、信息崇拜论、消费主义、视觉文化在精神领域的表征；是人们基于当代社会的各种挤压，主动寻求的主流的阅读方式、认知方式和生存方式。简言之，浅阅读盛行的根本原因是当代技术与文化的共生性：技术与文化之间以其合力的形式改变着人类的思维模式，人类的思维能力和创造力甚至人的本质也被逐渐削弱。

浅阅读作为后现代阅读最重要的特征，其盛行是与后现代文化大举攻占人类精神高地并肩前进的。现实生活中人们那种浅表性的阅读方式，以及对无中心的、拼贴的、复制的、游戏的、媚俗的阅读内容的偏好和热情，都与后现代主义的去中心、祛魅、反传统、对抗精英主义、狂欢性及颠覆性等特点遥相呼应[1]。正是在这个意义上，浅阅读的盛行体现了大众文化反抗精英文化的诉求，也体现了人们对内容的浅尝辄止和对闲适愉悦、感官欲望的追求，这是对于意义、价值、理性、科学的颠覆及对虚幻的精神乌托邦的构造与沉溺。

同时，浅阅读的盛行也是视觉文化成为主流的表征。视觉文化具有直观、浅白、快捷、刺激的特点，无疑最能迎合当代文化大众的消费心理。碎片代替了整体，浅表代替了深沉，文化丧失了它的厚重感和永恒性，读图成为一道方便、省心、可口的精神快餐[3]。在大数据时代强调“是什么，而不是为什么”和“允许不精确”的理念下，摒弃艰深晦涩的文字，追逐一目了然的图案，人们选择轻松愉悦的享受和出版业刻意迎合的双向举动

---

[1] 吴燕，张彩霞．浅阅读的时代表征及文化阐释[J]．南京大学学报（哲学·人文科学·社会科学版），2008（5）：132-136，144.

无疑很难让人否认现代社会对浅阅读的青睐。

当然，浅阅读的盛行也是消费主义和速度文化在阅读领域的投射。人们追求严肃、庄严、专业的那部分阅读活动，也都被以技术为支撑的关键词搜索推向了高效满足自己功利性需求的歧途。大数据时代对大众最明显的要求就是快速、大量占有数据，体现在阅读领域则表现为遵循时间经济原则，经济便宜的同时也显现着快速、快感、快扔的消费特征，在最短的时间内最大量地追逐、占有信息然后又迅速抛弃。功利化的阅读方式是大众生存方式功利性的一种体现。

此外，信息崇拜对浅阅读的盛行也有着不可忽视的促进作用。尽管大众文化呈现着同质性、模式性、流行性的特质，对于信息过度的、非理性的盲目崇拜，仍然驱使人们面对指数级的爆炸性的数据和信息量，毫不犹豫地伸出贪婪之手。1948 年，维纳的经典著作《控制论》及《人有人的用处》的出版，表明“任何组织所能保持自身的内稳定性是由于它具有取得、使用、保持和传递信息的方法”[1]。在传媒夸大宣传的刺激下，在信息经济走向主流的趋势下，“信息是生命的基础”“为了有效地生活必须掌握充分的信息”[2]的理念成了大众浅阅读的社会性诱因。当整个社会都在高唱“掌握信息是人类生存发展的关键”时，面对海量免费的数据信息进行“普遍撒网，绝不遗漏”的浅阅读行为模式就此形成了。

（三）浅阅读盛行的社会心理成因

浅阅读盛行同时也与信息焦虑、文化认同等社会心理因素有关。读者一方面可以凭借搜索引擎自由地选择文本，另一方面又因为网络信息的过

---

[1] ［美］N·维纳．控制论[M]．郝季仁，译．北京：科学出版社，1962：160.

[2] ［美］西奥多·罗斯扎克．信息崇拜——计算机神话与真正的思维艺术[M]．苗华健，陈体仁，译．北京：中国对外翻译出版公司，1994：7.

载和超量而身不由己地淹没于信息洪流之中。对信息过载的焦虑和对未来充满了狂热期盼的矛盾心情成为“浅阅读”生长的温床，毫无防备之下资讯浪潮已经迎面扑来[1]。浅阅读现象的实质是人们在海量信息冲击之下的一种心理应激反应[2]。在这种应激反应下的心理焦虑，正在驱使人们倾向追求各种感官的满足来缓解压力，而且这种阅读通常伴随着相反的两极心态：匆忙掠过每个单元文本的急切结束阅读的心态，同时又无休止地耽于这种匆忙心态中，持续地在这种阅读中投入巨量时间[3]。

文化认同是个体与他人或者群体的心理联系纽带。通过大量同质性内容的浅阅读，每个人都能够以阅读话题为中心找到自己的群体，能够获得阅读社区的归属感和社会认同。基于社会认同感和归属感的原理，在这个个体化、利益多元化的丛林中，人们期望和他人保持一致，不愿意承受“特异”的心理压力；偏向从众、模仿、求知的欲望与自我保护、自我显示的欲望相互渗透；身居自由多元的“地球村”，个体容易偏离群体的恐惧与孤独共同交织——紧随大流地追逐浅阅读的脚步，保持个体与群体拥有相同的“语境”，成了每个人潜在的心理需求。高度自由化的社会，寻找作为谈资的共同话题，彰显自己的“渊博”，寻找自我在社会中的归属等行为，共同滋养了浅阅读流行的心理温床。毕竟人们相信只有浅阅读，才能在这个“一马平川”的地球上“认路”[4]。

[1] 王余光，许欢．西方阅读史研究述评与中国阅读史研究的新进展[J]．高校图书馆工作，2005（2）：1-6，82．

[2] 何清．多元文本时代的阅读趋势研究[D]．北京：北京大学，2008.

[3] 尤西林．匆忙与耽溺——现代性阅读时间悖论[J]．文艺研究，2004（5）：23-28，158.

[4] 朱彦荣．浅阅读：我是资讯海里的鱼［EB/OL］. http://news3.xinhuanet.com/newmedia/2006-02/22/content_4208073.Htm，2007-8-24.

二、大数据时代浅阅读盛行的焦虑

大数据时代下，浅阅读成为人们追逐数据和信息的重要手段，但对“信息不等于知识，知识不等于智慧，智慧不等于能力，能力不等于财富，财富不等于幸福”的忽视[1]，导致了人们把事实、数据与信息相混淆，把知识、观念与信息相混淆，忘记了智慧、幸福和生命的意义。这是令人深感焦虑的时代话题。著名诗人艾略特（T. S. Eliot）在《磐石》中的感叹和发问是极具代表性的：

生活啊！我们消逝的生命在哪里？

知识啊！我们失去的智慧在哪里？

信息啊！我们遗漏的知识在哪里？[2]

（一）知识结构的碎化，思维方式的异化

网络与纸质书籍呈现的碎片化内容经由盲目的浅阅读行为，导致了认知障碍和知识结构的碎片化，进而异化了人的思维方式。

浅阅读腐蚀独立思考和概括知识的意识和能力，以及由此所引起的认知障碍和知识结构碎片化，使世界经由各种科技呈现出的拟像世界与人的轻浮浅薄的阅读行为、认知行为互联互通，共同造就了“愚蠢的一代”。

---

[1] 刁生富．具有重要意义的一个长长的不等式[OL]．http://weibo.com/p/1005052404243614/weibo?profile__ftype＝0&is__or i＝1&from＝page__100505__home&w v r＝5.1&mod＝ori, 2013-8-26.

[2] 徐瑞萍．信息崇拜论[J]．学术研究，2007（6）：34-39.

塔夫兹大学儿童发展心理学教授玛丽安娜·沃夫在《普鲁斯特与乌贼：阅读如何改变我们的思维》中结合心理学、教育学、考古学、语言学及神经科学的观点，揭示了阅读带来的生理和智力的改变[1]。而轻浮的浅阅读面对冗繁或碎片的知识信息，难以扩展与更新人的认知结构、改善与提高人的认知发展能力、促成严谨的认知风格；相反，它使人遇到碎片化信息时注意力难以集中，分辨不了有用信息，对所阅读的内容记忆和提取记忆困难。过量的浅阅读只会削弱人原有的认知能力，割裂其知识结构，迷惑其阅读心智：首先，大量而广泛的浅阅读不仅虚耗时间，使得人空有阅读的行为，而无多少能力的增长；其次，人就此满足于自己每时每刻地勤劳阅读，而缺乏对自己当下行为的深刻反思与警醒；最后，经过大量同质化内容的阅读，人类由于缺乏独立的深入思考，面对似是而非的种种阐释，往往受制于沉默的螺旋机制，呈现意见趋同和从众的心理。就此，在知识结构碎片化之后，人的心理甚至思维也朝着异化的方向发展。在大数据时代，过量的浅阅读行为已经造成人思维方式的异化。马克思在《1844 年经济学哲学手稿》中分析了劳动的异化问题，如同劳动一样，阅读的初衷是为了人的发展，但当阅读的浅表化、碎片化与娱乐化沉淀为人的内在习性时，便有可能带来自我伤害和畸形发展，甚至会异化为奴役和控制人精神的无形力量[2]。而尼古拉斯·卡尔在《浅薄：互联网如何毒害我们的大脑》一书中则以神经医学、心理学等多学科实证研究为基础进一步论证碎片化、跳跃式的阅读如何重组人类的大脑，阻碍人类深入思考、探寻和研究，从而破坏建立于印刷文化与深阅读之上的记忆能力、怀疑精神、理性思维、创造能力。心理学家帕特里夏·格林菲尔德认为，注意力的迅速转换，即使非常熟练也会导致思维不够严谨和更加机械化[3]。而诸如在网络上急速地浏览、缩读、略读等的浅阅读行为，正与此相应，在造成认知障碍和知

[1] [美] 玛丽安娜·沃尔夫．普鲁斯特与乌贼：阅读如何改变我们的思维[M]．王惟芬，杨仕音，译．北京：中国人民大学出版社，2012：19.

[2] 马克思．1844 年经济学哲学手稿[M]．北京：人民出版社，1985：46-60.

[3] 鞠海彦，尼古拉斯·卡尔．互联网抑或使人更愚蠢？——互联网正在影响人们的深度思考能力[J]．世界科学，2010（8）：18-19.

识结构碎片化后，腐蚀了人的思维能力，培养了大脑的惰性，瓦解了对阅读意义的终极追求。在浅阅读盛行的文化环境下，人们失去了记忆、争论、质疑、思辨的向学力，自此创造力的遏制、时间的浪费、阅读理念的惰性便异化为其习以为常的新常态。在这种新常态下，人们不知不觉就放弃了需要持续性注意力、集中精神和沉思、反思、内省的思维方式和思维能力。

（二）主体意识的迷失，精神成人的阻碍

浅阅读的盛行支离人的知识结构，异化人的思维模式，进而导致人的主体意识的迷失、精神成人的滞后。

首先，浅阅读的盛行构造了一个虚拟的时空境域，取代了传统有序的、严谨的、线性的阅读世界。快餐式、碎片式、交互式的浅阅读模式构建了一个喧嚣的、浮躁的、随意的文化知觉环境，从而使人的经验、情感、理性也剧烈、随意地碰撞于其中，常态的经验感觉模式也随之受到挑战。在如此激烈变化的后现代阅读语境中，浅阅读这一泛化的碎片化的生存方式导致了从个体到整个社会的离心思维、本体性安全感觉的缺失、惯性否定情绪的泛滥，从此我们成了在极速信息流中漂泊的“愚蠢一代”，囿囿于零碎而又数量庞大的数据世界，我们以即时的分享、交流、互动来营造自由而畅通的假象，却依然被喧嚣、孤独、麻木或焦虑所困扰，个体甚至是整个人类族群皆受困于此虚拟时空境域。

其次，急速而轻浮的阅读行为模式导致主体意识削弱，迷失于数据长河。浅阅读的流行意味着我们被数据信息流极致的速度淹没了，身心应接不暇、精疲力尽、昏昏沉沉，甘心放弃抵抗、弃甲投降，任由外界的信息主导自己的意识世界。浅阅读的流行呼应了“速度就是一切”的大数据时代信息传播的终极追求。马克思说：“用时间消灭空间，就是说，把商品从一个地方转移到另一个地方所花费的时间缩减到最低限度。资本越发展，资本借以流通的市场、构成资本空间流通道路的市场越大，资本同

时也就越力求在空间上扩大市场，力求用时间去更多地消灭空间。”[1]同样，传播技术越发达，我们就越倾向于压缩自我的时空，追随媒介传播的速度；追求扫描、浏览、速读的浅阅读正是这一行为的体现，这种行为模式的流行则将整个社会一起带入了极速运转的时代，就像当今时代人人刷屏，忘寝废食、一目十行地浏览着手机、平板电脑、电子书的屏幕。而以“速度学”著称的法国思想家维利里奥在《消失的美学》中指出现代人毫无止境地追求速度所蕴含的风险：我们现在则拥有一种具有飞逝本质、以昙花一现般不稳定的数字图像为特征的消失美学[2]。在网络空间中，回应电子媒介对实时速度的强调使得我们遗忘对真实空间应有的重视和体验[3]，我们沉溺于高速运转的阅读世界无法自拔，迷路于技术构造的虚拟世界，拱手献出我们对世界的主导意志。

在丧失了对于自我和世界的主体意识之后，毫无疑问，我们难以在精神方面达到真正成熟的状态。教育家夏中义教授提出精神成人，即在精神层面成长为人，是指人们应当具有“独立精神、自由思想”的潜质，且能够认真持续地向自己追问“如何做人”。而纽曼提出精神成人应该做到博雅，旨在学识的融会贯通，是指“能把旧与新、过去与现在、远与近等相对立的概念联系起来看，能洞察这些事物之间的相互影响，能看到整体、中心和本质所在”。[4]然而，浅阅读的盛行，使得海量的、遮蔽性、同质化的内容干扰了人们的“去遮蔽”“开眼界”，冲昏我们的头脑，使我们失去眼力、失去历史感、失去哲学观、失去对各种有关的文化价值的洞察力[5]，使我们意识、精神、道德与价值的追求坠落在这一潮流中，变得盲目化、从众化、失控化。戏谑的生存方式在瓦解人的精神世界。

---

[1] 中共中央编译局．马克思恩格斯全集：第46卷（下）[M]．北京：人民出版社，1980：33.

[2] ［美］乔治·瑞泽尔．后现代社会理论 [M]．谢中立，译．北京：华夏出版社，2003：193.

[3] 梅琼林，袁光锋．“用时间消灭空间”：电子媒介时代的速度文化[J]．现代传播（中国传媒大学学报），2007（3）：17-21.

[4] 夏中义．“精神成人”与大学[J]．学术月刊，2003（7）：92-104.

[5] 衣俊卿．人学研究：域界厘定与范式转换[J]．哲学动态，2000（6）：5-7.

浅阅读的盛行将从根本上对整个人类族群的发展起到阻碍作用。因为这一趋势不仅造成了成年人的幼稚化，也影响了儿童与青少年对自己的认知、对人类文化的研究、对整个世界的认识；如果放任浅阅读流行，将会造成没有志向、没有理性、没有价值观念、什么都无所谓、什么都不想要的“愚蠢一代”。就像大学课堂，无论老师的讲授多么激情澎湃、经验丰富、生动形象，讲台下只有一片低头族、拇指族，漫无目的地游荡于信息的海洋，他们既不是在查阅相关资料，更不是在对紧要科目深度学习，有的只是对知识无所谓的态度。大数据的相关思维潜移默化影响着我们，我们不再追求因果和深入思考，只想最大化地拥有信息，努力假象的背后蕴含着自我追求的停滞。

（三）真实在场的缺失，文化传承的失落

浅阅读的盛行同样推动了人们对信息化在场的沉溺和真实在场的缺失。在浅阅读盛行这一浮躁之风的影响下，人们更加追求影响力、知名度等能够迅速金钱化的精神象征，于是信息化在场的频率和覆盖率，便成了人们竞相追逐的对象，远超于对于本体性在场的重视。如同网上打赏和转发在实现了变现后，噱头经济、粉丝经济、流量变现、平台直播便热火朝天地抓住了无数人的眼球。六间房直播、虎牙直播、斗鱼直播等为了收视率和礼物，也是频频挑战色情、暴力、隐私等灰色地带——这是受众不再探索其背后的逻辑与意义所纵容的必然结果，反过来，又会促使人们头也不回地冲进信息化世界逐利。现实世界的活动参与也因此被衡量为无意义的时间浪费。

同时，碎片化的、钝化的、信息化的阅读行为同样会弱化人的言语功能，促使人类语言朝着肤浅的、片段化的方向发展，使得现实的人际交往呈现越来越僵化的情形：点赞、表情、符号代替了语言，我们被一剖为二，被异化为在信息化世界滔滔不绝与真实在场中沉默寡言的个体。眼中所见，双耳所闻，言之于口，录之以手，都是信息化的存在；身体的缺席，

人类本能需要的拥抱、爱抚等肢体语言也就被取代了；在相互关注的背后，隐藏着真实关系的疏远。信息化在场的沉溺与泛滥造成了真实在场的缺失并消解其意义。

浅阅读在消解了真实在场的意义之后，继而曲折文化传承的道路。如果说一个人的阅读史就是一个人的精神发育史，一个民族的阅读史就是一个民族的文化发展史，那么浅阅读的盛行却趋向于削弱人们的智慧，进而阻碍民族文化的传承与发展。过去，我们通过仔细玩味、反复琢磨、深入钻研把所阅读的文本内化为自己思想的结晶，然而浅阅读的盛行则把巨量的信息符号冲刷进人的大脑，于是“数据—信息—知识—智慧”这一接收数据—孕育智慧的过程就被中断了——我们的大脑塞满数据信息，却难以转化为智慧，阅读沦落为一种趋骛行为。

这样过度而盲目的浅阅读消解了传统阅读的逻辑性、系统性、深度性、严肃性，削弱了阅读时所拥有的自主选择意识、沉浸的理智阈限、对阅读内容的思考与质疑……浅阅读的盛行，使个体在大数据时代潜意识下选择的实用性、功利性、娱乐性等的阅读追求，泛化为整个族群的阅读追求目标和生存态度，并进而沉淀为群体的大众文化或者大众潮流。

经由浅阅读对阅读意义的背离，大众文化随波逐流，不由自主地放弃了对传统文化的传承与发展。浅阅读盛行的背后，意味着整个世界在人们心底的投影是经由传播媒介通过对象征性事件或信息进行选择和加工、重新加以结构化后向人们提供的拟态环境[1]，是对现实世界“镜像”再现的背离，是认识世界之理性的缺失。当整个社会被传媒介质负载的碎片信息充斥着，被出版界悖逆良知出版的浅薄读物环绕着，人们便以不假思索的功利化、娱乐化心态认识世界，再配以碎片的知识结构、退化的思维能力，承载人类历史文化继承和传播使命的阅读就被消解了意义，而传统文化的传承也随之走向了没落。正如尼尔·波斯曼在《娱乐至死：童年的消逝》

[1] 赵建国.“拟态环境”与人类的认识和实践活动[J]. 新闻界，2008（4）：92-93.

中提到，“如果一个民族分心于烦杂琐事，如果文化生活被重新定义为娱乐的周而复始，如果严肃的公众对话变成幼稚的婴儿语言……总而言之，如果人民蜕化为被动的受众，而一些公共事务形同杂耍，你们这个民族就会发现自己危在旦夕，文化灭亡的命运就在劫难逃。”[1]

此外，浅阅读的实质是，经由大数据、媒介等技术对世界深刻解蔽的同时，以量化的方式对生活世界的构造，同时又自然地形成了新的遮蔽，最终表现为人们对于世界浅显而普范的理解。在这种技术文化所异化的世界中，人文的内涵在逐渐褪去光彩。传统文化的失落并不意味着全新文化的冉冉升起。当阅读的意义被搁置，阅读成了一种娱乐消遣，未来社会文明的转向便任由技术迷雾笼罩。

三、平衡深浅阅读，重塑流行范式

浅阅读无疑很适合在大数据时代获取信息和休闲娱乐，但浅阅读的盛行也以其诸多弊端造成了如上所述的新异化。因此，平衡深浅阅读，重塑流行范式，是解决大数据时代阅读问题的必由之路。

（一）提高素养，胜任时代阅读

浅阅读的盛行，基于历史发展的宏观角度，是时代发展与人类进步不能完全同步的矛盾产物，是时代发展对人们提出了更高的要求而人们现有

[1] [美] 尼尔·波兹曼. 娱乐至死：童年的消逝[M]. 章艳，吴燕莛，译. 桂林：广西师范大学出版社，2009：96.

的素养无法满足这些要求的矛盾的产物。因此，提倡理性与深入阅读，必须提高人的综合素养，多方位、全方面、广渠道培养人的信息素养、媒介素养、阅读素养，以胜任新时代阅读的需要。

第一，实施阅读教育与媒介素养教育、信息素养教育三位一体的教育模式[1]，提高大众对信息的搜索、获取、筛选、处理与传播能力。这一措施应该涵盖全社会所有成员，惠及不同年龄阶段的公民。对青少年进行学校教育的同时更要对成人进行继续教育，甚至老年人也应参与到老年大学、社区教育的活动中。阅读活动伴随人的一生，对阅读素养的培育也必须贯穿终生。

第二，加大教育投入力度，加强读者阅读技能的指导，把阅读技能、信息素养、媒介素养的培养与教学实践、社会实践紧密结合，把提升阅读能力和水平纳入推广全民阅读活动的议程。例如，利用多媒体、微课、慕课等新型教学方法对社会现实进行剖析，让大众在正确客观理解媒介信息、质疑媒介信息的同时提高正确认知与有效使用阅读媒介的能力，形成良好的阅读习惯。

第三，培养大众的终生学习、自我完善发展的能力。这是因为技术总是不断发展变化的，唯有不断地学习才能让技术服从与服务于大众，才能拥有不受任何媒介技术干扰的阅读方式、生活方式、生存方式。例如，利用 STEAM 教育，“编程+游戏”、自媒体运营等既实用又有趣的教学内容，可以吸引人们的关注与投入，进而使人们胜任时代阅读的主体地位。

简言之，唯有提高人们的素养水平，才有可能提高人们的阅读水平，才使理性而深入的阅读成为主流阅读范式有了可能性。

---

[1] 罗文华，唐芬芬．大学生阅读素养、媒介素养及信息素养教育融合的可行性分析[J]．图书馆理论与实践，2015（3）：80-83，112.

（二）伦理建构，强调以人为本

鉴于浅阅读盛行已经在相当程度上造成了“阅读危机”，因此重视伦理建构，强调以人为本，控制浅阅读发展的方向与尺度就成为必要。

第一，重视技术伦理。美国著名的技术哲学家卡尔·米切姆在论述第四代技术哲学的发展方向时提出，对技术进行伦理反思不仅是跨学科的问题，而且是跨学界、全球性的问题[1]。我们应当重视技术发展的伦理建构，从技术伦理中寻求拯救的力量。首先，应当理性对待和处理人与信息、人与机器、人与科技，以及价值理性与工具理性、技术可能性与伦理合理性之间的关系[2]。其次，在技术领域注入人文关怀，强调技术发展要以人为本，达到技术与人文的高度融合，从而削弱在技术发展和应用过程中对人的异化。最后，以政策驱动技术伦理系统的建设与发展，加强对新一代信息技术伦理问题的研究。

第二，在建构伦理规范时，要结合本土伦理思想，引入“仁”的观念、“诚”的思想、“义利”之辨和“慎独”精神[3]。例如，读者若能始终坚持“慎独”精神，就能在面对眼花缭乱的阅读信息时做到道德自律，自觉屏蔽色情、暴力等不良信息的干扰。因为这种以“慎独”为特征的道德自律，能使人在独自一人或在他人完全不知的情况下，仍保持高度的道德自律，仍能保守自己和把握自己，使自己的行为符合道德规范[4]。又如，纠正出版商一味追求利益的思维偏差，不断加强其伦理规范的意识，使其对出版物抱着高度负责的态度，坚持为人民服务，坚守文化传承的崇高使命。

---

[1] 卡尔·米切姆，王楠．藏龙卧虎的预言，潜在的希望：技术哲学的过去与未来[J]．工程研究——跨学科视野中的工程，2014（2）：119-124.

[2] 徐瑞萍．信息崇拜论[J]．学术研究，2007（6）：34-39.

[3] 刁生虎，刁生富．传统伦理思想与现代网络道德建设[J]．淮阴师范学院学报（哲学社会科学版），2006（2）：210-214，218.

[4] 刁生富．在虚拟与现实之间——论网络空间社会问题的道德控制[J]．自然辩证法通讯，2001（6）：1-7.

第三，调整阅读伦理。以人为本，调整、刷新阅读伦理，转换阅读观念，是大数据时代屏读与纸读共同的内在要求。例如，反腐题材电视剧《人民的名义》之所以成为“现象级”的热点话题，就是人们在对现实意义的关注下，呼唤有内涵、有品质、有情怀的精品力作。在市场经济条件下，坚持弘扬主旋律、凝聚正能量是刷新阅读伦理、树立文化自信的基石。

（三）加强自律，提高主体意识

显然，人的行为本质上都是自己决定的、具有主观性的活动。要追求合理健康的阅读范式，必须严格监控、规范、管理自己的行为。正如马克思在《1844 年经济学哲学手稿》中指出：有意识的生命活动把人同动物的生命活动区别开来，正是由于这一点，人才是类存在物[1]。因此，人类所特有的主体自律性与动物出于本能、不受拘束的随意性有着根本的区别，人的活动不是随意与为所欲为的，而是基于对自我的约束与认识的[2]。所以，在信息爆炸、娱乐狂欢的大数据时代，通过加强个人自律，提高主体意识来调整感性化、平面化、视觉效应化的阅读方式，便成了精神成人的重大考验。

首先，提高主体意识，确立自己在技术、信息、文化面前的主人翁地位。必须高扬人的主体地位，在推广全面阅读和理性阅读的过程中始终以人为本。正如习近平总书记强调，必须发展以人为本的文化策略，牢固树立马克思主义文艺观，始终坚持以人民为中心的创作导向，生产出无愧于我们这个伟大民族、伟大时代的优秀作品[3]。有了优秀的符合时代的作品，才有人们相应的理性的阅读态度。

---

[1] 中共中央编译局．马克思恩格斯选集：第 1 卷[M]．北京：人民出版社，1995：46.

[2] 邓晓芒．什么是自由？[J]．哲学研究，2012（7）：64-71，129.

[3] 中共中央宣传部．习近平总书记系列重要讲话读本（2016 年版）[M]．北京：人民出版社，2016：197.

其次，养成良好的自律习惯。无论是成人还是儿童，都应该养成良好的自律行为习惯，以应对海量的、不稳定的、来源不明确的、碎片化的阅读对象。全社会应强化掌握管理意识，提升自律能力，规范日常行为，以增强阅读过程中的专注力、控制力、自省力，将人们从自我放纵、无中心、无规范的阅读状态中惊醒。

最后，重视阅读元认知能力的培养。美国心理学家弗拉维尔于 20 世纪 70 年代在其《认知发展》一书中指出：元认知就是个人在对自身认知过程意识的基础上，对其认知过程、进程的自我反省、自我控制和自我调节。简言之，元认知就是认知的认知，它包含了元认知知识、元认知监测和自我调节[1]。提高阅读元认知能力，有助于检验阅读策略、澄清阅读目的、反思阅读行为、监控阅读过程，从而对阅读行为进行必要的监测、导向和规范。

（四）社会助力，营造理性氛围

阅读流行范式的重塑，需要全社会的合力，包括政府、学校、家庭及传媒界、出版界、图书馆等，都要主动出击，转变不良阅读理念，完善阅读文化建制，营造良性阅读生态环境。

第一，政府应当倡导健康的、有价值、值得深思与推广的文化内容，大力健全相关的文化机制体制，把全民阅读、理性阅读上升到国家层面，纳入法制化轨道。

第二，学校要发扬文化教育，培养完整而全面发展的文化人，并依靠完整而全面发展的文化人来推动知识和文化的创新和进步[2]。毕竟“文

[1] ［美］J·H·弗拉维尔，P·H·米勒，S·A·米勒．认知发展[M]．邓赐平，译．上海：华东师大出版社，2005：218-223.

[2] 孟建伟．教育与文化——关于文化教育的哲学思考[J]．教育研究，2013（3）：4-11，19.

以化人”“文以化成天下”是文化的本体属性[1]。所以，应强化人文知识、素养的教育和多元化的教学方式的运用，高度重视学生阅读素养、自律意识、精神成人的培养。例如，中国台湾通过在线社交娱乐与信息搜寻活动的阅读拓展活动，并对读者进行在线和离线的阅读元认知策略教学，从而提高印刷型和数字媒介类型读者的阅读素养[2]，将有利于阅读文化的健康发展。

第三，家庭必须正视多元且多变的社会现实，加强亲子教育与陪伴，建立符合新时代的家庭亲密关系模式，避免家人的疏离和信息在场的沉溺，以现代家庭媒介教育理念、阅读理念引导家人共同成长。

第四，传媒界应发挥应有的效力，负担起把关人和意见领袖的职责，引导阅读范式，传播的内容应当具有权威性、公信力、正能量、真实性、深度挖掘的特质。

第五，出版界应当跳出浅文本的包围圈，应对商业化的出版市场，坚持底线与原则，加强出版内容监管，耦合虚实媒介，实现高水平、高格调、高品位的文化成果在数字出版和纸质出版的融合发展中丰收。

第六，图书馆应适应大数据时代要求，及时提供有品位、高格调、高质量的信息和服务，开展馆际合作，搭建全方位、多层次、多途径的信息服务和交流平台。比如，高校图书馆成立了 CALIS、BALIS 联盟，目的就在于资源的共建共享，方便读者获取各种本馆稀缺的文献资源，这样的举措也极大地保证了各类读者深阅读的分量，对当前浅阅读过于兴盛的状况是个很好的平衡[3]。

---

[1] 王培玲. 大学精神视域下的文化建设[J]. 河南师范大学学报（哲学社会科学版），2014（5）：158-162.

[2] 秦殿启，张玉玮. 基于个人信息世界理论的大学生阅读素养研究[J]. 情报资料工作，2015（6）：87-91.

[3] 杨楠，秦小燕，杜慰纯，等. 高校图书馆引导读者协调深阅读与浅阅读的思考[J]. 图书馆理论与实践，2012（6）：76-78.

在大数据时代，改变整个社会的阅读流行范式，遏制浅阅读盛行的趋势，引导人们理性而深入地阅读，需要每个个体自觉的努力和全社会的合力，共同推行理性阅读的理念与行为策略，这将是令人期待的文化壮举。

第五章

教育：以生为本的数据愿景

随着新一代信息技术的发展，大数据技术与各行业的融合逐步深入。其中，大数据与教育的融合使得青少年的学习呈现出新态势，推动教育改革以适应大数据时代的需要是教育面临的必然选择。在这个过程中，机遇与挑战并存。因此，有必要分析这个新时代以生为本的大数据教育的发展，使大数据更好地为教育服务。

一、大数据驱动个性化教育的现状

（一）理论：基于大数据的教育理论成为主流

教育在大数据时代面临的风口就是智慧式、科学式的转变，从传统的摸石头过河的经验式教育，转变为依靠教育技术预测和处理人类行为和心理。在这个过程中，更加科学化的、全新的教育理论得以生成，并反过来推动大数据技术与教育理论的紧密结合。

在这个高速运转的社会，知识半衰期的迅速缩减及互联网与教育数据挖掘的运用，使个性化教育前所未有地被重视。在教育几千年的发展过程中，人类第一次最大可能地在技术的基础上实现教育个性化。被动的沉浸式和经验式教学转换为在网络社区中自由地通过互动与协作来分享与交流，促进了教学改革向数字化、个性化与科学化推进，促使基于大数据的教育理论成为主流。

（二）范式：大数据技术驱动个性化教育

随着互联网教育数据的指数级爆炸、分享及教育数据挖掘的运用，整个教育体系从以教师为中心向以学生为中心的教育范式倾斜，从而使全球学生具有更加平等的学习机会。

大数据技术对个性化教育的支撑体现在以下几个方面。第一，不同的学习步调和学习内容通过个性化、多层次的学习路径与资源，在自适应学习系统中得以实现。例如，基于 15 年数据研发而成的个性化和自适应的数学和语言学习程序 Mindspark 被广泛运用于印度的 100 多所学校，其不仅为学生提供个性化学习内容，而且提供精准且即时的反馈与补救模块，以提高学生的语言和数学学习成绩。第二，微型网络社区学校的数量在个性化、自由化的教育道路上与日俱增。例如，摈弃传统教育体制与观念的 AltSchool 正打造基于数据分析工具的学校操作系统，利用数据更好地满足和支持学生在学校内外的需求和兴趣，改善学习成果[1]。第三，基于大数据的自适应技术收集了传统评判标准所忽视的数据，提高了技术评估的内容、过程、质量，使得多元化评价获得更大空间。

二、大数据时代青少年面临的新情况

（一）大数据时代青少年学习的新问题

大数据在对青少年学习产生积极影响的同时，也对其产生了消极的影响，带来了新的问题。

1. 过往记录束缚发展

大数据的数据追踪、挖掘、分析在实现学习的个性化、科技化、协作化的同时，也会对青少年产生窥探与束缚的不良影响。人们认为在大数据时代成长的世代，其整个生命历程，从摇篮到坟墓，都将被量化和记录，

[1] Horn M B. The rise of micro-schools: combinations of private, blended, and at-home schooling meet needs of individual students[J]. Education Next, 2015, 15(3): 77-79.

类似于“My life Bits”的项目[1]。每个人从出生至死亡，其一生的痕迹都被记录于不同系统中，伴随与证明其存在的是“数据脚印”与“电子标签”。在这个过程中，由于大数据不会遗忘，人们的删除权如果不能得到有效保证，那么数字身份会禁锢其进步、成长和改变的空间，数字记录会导致个人隐私的“透明”与“裸奔”，在圆形监狱的状况下，寻求个人发展无形中受到了阻碍。

2．数据评判伤害情感

大数据时代，让数据发声，数据证明一切的口号响起，意味着以数据为评判标准的理念开始大行其道，而数据崇拜的泛滥，体现在教育中便是对青少年情感个性的无情伤害。例如，学校为了提高升学率而在学期中淘汰差生，以考试分数作为评判他们的唯一标准。教育偏离了育人的初衷，忽视了青少年们的学习是一个德、智、体、美、劳全方位发展的过程。更糟糕的是，在这个过程中很少有人能够保持思辨和独立的想法，学习者自己也以同样的标准量化自己的学习成果，学习与教育远离了传承人类文明与探索未来的崇高使命，变成了功利化的日常行为。那么情感态度、价值观、逻辑推理等无法量化的、人类得以生存和延续的人文情感将在“数据上帝”的评判下日落西山。

3．数据爆炸妨碍认知

大数据时代，多维度、碎片化、嬗变性、虚拟性、爆炸式的海量信息在冲刷每个人的头脑，在提供无限接近“全知”可能的同时也导致学习与认知的困难。一方面，大数据信息的泛滥与分享，似乎都在诱导人们认为只有他们不去学的，而没有他们不能学和学不会的。例如，那些跨领域跳槽或者从事交叉领域工作的成功人士，总是会感谢海量资料的易得。然而，

[1] ［美］戈登·贝尔．全面回忆：改变未来的个人大数据[M]．漆犇，译．杭州：浙江人民出版社，2014.

越来越多的人面对过量的、无法消化的信息求助于新型的科技与工具。尼古拉斯·卡尔在《浅薄：互联网如何毒害我们的大脑》中提出记忆外包和文明消亡："当我们把记忆任务推卸给外部数据库，从而绕过巩固记忆的内部过程时，我们就会面临掏空大脑宝藏的风险，进而危及个体的深度和独特个性，以及我们共享的社会文化的深度和独特个性。"[1]事实上，碎片式的学习威胁着注意力的保持，而海量的信息则使得大脑疲惫不堪，认知超负荷的孤独与焦虑甚至是无能的感觉，在挫败青少年学习的信心、动力与自我效能感，最终可能导致其自我放弃的悲剧。数据爆炸碾压式地占据了青少年们有限的时间与精力，只会导致其学习与认知的困境。

（二）大数据时代青少年网络异化的表现

新一代信息技术革命的蓬勃发展和快速普及把人类社会推向移动互联网和大数据时代。人们在享受新技术带来的便利和福祉的同时，也不得不直面一系列新的问题，其中，青少年在网络空间中的异化便是一个不容忽视的棘手问题。网络异化是技术异化的一种，是指由网络技术带来的人的异化，即人创造、使用的网络技术，在一定条件下失去了原有的内涵，反客为主，演变成外在的异己力量来支配人、奴役人的现象[2]。在青少年网络异化的多种表现形式中，网络成瘾的加剧、精神家园的"污染"和身体发展的畸形化表现最突出。

1．网络成瘾的加剧

大数据时代青少年网络异化的严重性突出地表现为青少年网络成瘾现象。网络成瘾综合征于 1994 年由美国纽约的一位精神病医生高德伯格提出，临床上是指由于患者对互联网过度依赖而导致明显的心理异常症状

---

[1]［美］尼古拉斯·卡尔．浅薄：互联网如何毒害我们的大脑[M]．刘纯毅，译．北京：中信出版社，2010.

[2] 秦丽红．网络技术异化与网络安全的探讨[J]．长治学院学报，2008（2）：30-33.

及伴随的生理性受损的现象。尤其是移动互联网的广泛使用，青少年难以有效地控制上网时间，经常无节制地花费大量时间和精力在网络空间中获得满足感和愉悦感，使网络几乎成为现实社会的替代品，甚至终日沉湎于网络营造的虚拟世界，“嗜网如命”而无法自拔，出现了一些人格障碍，导致个体心理、生理受损[1]。随着大数据、移动互联网和人工智能、虚拟现实等新一代信息技术的发展，青少年沉溺于网络的现象愈来愈严重，已演化为全社会必须高度重视的严峻问题。

2．精神家园的“污染”

大数据时代青少年网络异化也表现在其精神家园的成人化、复杂化、污染化。根据弗洛伊德的精神分析理论，人若是不能集中注意力，意识便不能压制潜意识，无法驱逐不符合社会道德和主体精神的网络潜意识。青少年沉溺于网络，被碎片化的内容所吸引，其注意力也被割裂为碎片。因此，网络暴力、网络色情和拜金主义等不良文化便渗入青少年的精神家园，在其健康的世界观、人生观、价值观的形成和身心发展的过程中不断增加阻碍与诱惑，导致其精神世界的异化愈演愈烈。

3．身体发展的畸形化

大数据时代青少年网络异化还表现为其身体发展愈来愈畸形化。移动终端和 4G 网络的普及，使得低头族、拇指族、刷屏族呈现不断蔓延的态势，网络沉溺的范围从端坐电脑桌前扩展到了网络联通的每时每刻。网络空间中社交、阅读、游戏等正借助于虚拟现实、大数据等新一代信息技术，不断满足青少年的各种心理需求，发挥着前所未有的“非凡魅力”。而青少年的身体也在这个过程中被不断异化——颈椎病、触屏手、近视眼、狭窄性腱鞘炎等新老疾病的年轻化和剧增便是例证。

[1] 黄俊官．青少年网络成瘾原因及解决对策研究[J]．教育与职业，2006（32）：182-183.

三、大数据时代青少年教育问题的成因

（一）大数据时代青少年学习受挫的成因

1．教育歧视风险

随着大数据热度的攀升，一方面，对于数据收集的科学化程度的精进，使得大数据多元化评价成为可能；另一方面，大数据正成为教育者进行教育管理、决策的工具，使“潜在歧视”深藏于教育过程中，完全依靠数据来评判的思维定式一旦形成，教育者误判与歧视的风险就会增加。

任何技术一旦处于焦点，就容易形成相应的崇拜，而大数据崇拜必然加剧教育“潜在歧视”的风险。迈克尔·施拉格在发表于《哈佛商业评论》的文章中指出，在理论和实践中，大数据将文化陈述和刻板印象数字化为经验可验证的数据集[1]。数据分析技术正通过越来越强大的统计算法，增强数据库的相关性，而从数据分析预测的关于个人品格与行为的推论可能存在着误导性，即“大数据将以良莠参半的方式统治我们”[2]。因此，教育者一方面必须参考海量的个人数据，另一方面又必须离开数据的影响，独立判断，否则极易产生固化、片面及不公正的判断。

2．教学效率低下

一方面，大数据教育技术为教育的发展与变革带来令人振奋的消息；

---

[1] Cassel C K, Saunders R S. President’s Council of Advisors on Science and Technology[J]. Jama Journal of the American Medical Association, 2014, 312(8):787-8.

[2] Amar Toor.This French school is using facial recognition to find out when students aren’t paying attention [EB/OL].https://www.theverge.com/2017/5/26/15679806/ai-education-facial-recognition-nestor-france.

另一方面，更加自主化和个性化的教学平台，也挑战着学习者的学习和认知能力，易导致教学效率低下的问题。

信息技术和人工智能的进步使基于网络平台的个性化教育系统如雨后春笋般冒了出来。然而，目前可用的个性化在线教学平台存在很大的局限性。第一，学习原本是一场智慧、心灵之间的交流，不仅仅是语言或者文字的呈现，在课堂上的互动，有肢体语言、味道、表情等微妙元素的互动，这些元素可以激发学生们的学习潜能，而缺乏互动的学习方法和认知技能之间的差异导致学生学习进度、效度、质量的差距无法平衡。据观察，如果个性化教学内容不能有效进行，则会出现高辍学率。第二，适合所有人的学习路径、资源和学习进度不存在。以目前的技术，大多数具有个性化学习机制的自适应学习系统，不能把学习者的能力和所推荐课件的难度水平完全匹配起来，这之间会存在差异和困难，学习者仅靠自己很难在海量的课程中选到合适的资源，而依靠系统推荐又可能在不匹配的学习过程中产生认知超载或定向障碍，学习成效反而受到抑制。

3．教育滞后问题

面对时代的大变革、大发展，教育体系岿然不动，仍充斥着流水线般的教育模式、僵化的教学思维及固化的教学进度，在这种体系下成长的一代代学生群体，很难适应大数据时代对于人才需求的转变。大数据时代给传统的教育方式提出了挑战。知识裂变的时代使获取知识的固有体系发生了重要转变。如今，教育衰落的根本原因是教育者往往忽视了学生认知改变所导致的知识获取的变化，数字移民教师正以过时的语言（前数字时代的语言）去教授一群说全新语言的学生[1]。此外，大数据教育往往由国际教育机构或者教育组织来推行，缺乏基于国家层面或者跨学科协作的研究与实施，也缺乏基层教育的重视，导致教育改革难以付诸实践。

[1] Prensky M. Digital Natives, Digital Immigrants[J]. Journal of Distance Education, 2009, 292(5):1-6.

4．隐私安全挑战

数据隐私、安全和所有权问题在教育领域也逐渐被重视起来。教育数据泄露，隐私透明化，技术对学习者权利、心理、情感……的侵犯，已经成为深陷其中的学生的噩梦。法国巴黎商学院将计划使用“情感识别系统”来衡量学生在课堂与学习网站的注意力，这有助于提高大量开放在线课程中的学生表现并改善教师的教学效果。但也使越来越多的人开始对学生数据的处理方式提出疑虑，巴黎校园内更出现了示威活动[1]。然而，大数据发展所带来的便利往往使人们忽略学生的隐私权和信息安全。例如，美国数据分析公司 InBloom 在纽约推出的基于大数据技术的个性化学习项目的崩溃与其对隐私措施的忽视直接相关。美国联邦法律允许其“与销售教育产品和服务的私人公司共享其数据库部分档案”，导致数百万名儿童的姓名、地址、社会安全号码及学习信息被泄露，最终该计划在 2014 年趋于崩溃[2]。可见，大数据教育的伦理问题已成为要想发展教育就必须求解的方程式。

（二）大数据时代青少年网络异化的成因

1．基础教育的焦虑

目前，在我国基础教育中，从学校、家长到学生普遍存在着焦虑现象[3]。青少年沉溺网络在一定程度上是为了逃避其所感受到的基础教育焦虑。由于青少年在现实学习生活中普遍压力过大，对个体的认识、情绪和行为产生负面效应，引起紧张、烦躁、焦虑等一系列不良的心理反应和躯

[1] Amar Toor.This French school is using facial recognition to find out when students aren’t paying attention [EB/OL].https://www.theverge.com/2017/5/26/15679806/ai-education-facial-recognition-nestor-france.

[2] Schwieger D, Ladwig C. Protecting Privacy in Big Data: A Layered Approach for Curriculum Integration [J]. Information Systems Education Journal, 2016, 14(3): 45.

[3] 刁生富，李香玲．基础教育焦虑探讨[J]．佛山科学技术学院学报（社会科学版），2016（6）：57-61.

体症状，超越了其能够靠自身力量解决的范畴[1]。娱乐至上、拜金主义、读书无用论等后现代文化又在网络中泛滥，为青少年开辟了一个没有学习、肆意游乐的“世外桃源”。青少年肩负着沉重的期望与压力，当这种期望与压力超越其所能承受的范围后，逃向网络乌托邦便成了他们的选择。

2．虚拟社交的诱惑

青少年投身于虚拟社交的无限热情，削弱了他们对自身与真实世界联系的关注，导致他们把注意力集中于网络空间的“精神世界”中，种种异化便由此产生。社交网络替代现实社会交往，成为青少年首选的交往方式。青少年使用以微信为代表的强关系社交媒体帮助自己增强与亲友间的亲密感、缓解成长过程中的孤单感，使用以论坛为代表的弱关系社交媒体分享信息、结交新朋友、表达意见、展示自我，社交网络成为青少年网络流行文化的核心平台[2]。和同学、家长应有的在现实社会中交流的时间与精力被网络社交所代替，与陌生人交往中的“私密感”虏获了青少年的心，使其不自觉地经受着鱼龙混杂的网络文化的熏陶与洗礼。虚拟社交使他们的社交行为与倾向产生了异化的现象，更使其精神家园网络化。

3．教育合力的缺失

教育尚未形成合力，家庭、学校、社会未能无缝对接，也是青少年网络异化的幕后推手，导致青少年在网络空间中呈现无人引导的“真空状态”。在家长和教师看不见的碎片化时间里，青少年如痴如醉地手握终端，头垂颈伸，指尖滑动——这种行为常态在不知不觉中塑造着他们的身体与仪态。在网络空间中，由于教育合力的缺失，青少年容易滑向浅薄的游乐，甚至可能滑向道德伦理失范并最终导致网络暴力、色情、犯罪的产生，从而进一步导致其行为异化。

---

[1] 路海东．聚焦中国儿童学习压力：困境与出路[J]．东北师范大学学报（哲学社会科学版），2008（6）：24-28.

[2] 中国青少年研究中心、苏州大学新媒介与青年文化研究中心“青少年网络流行文化研究”课题组. 2015年中国青少年网络流行文化调查的四个发现[EB/OL]. http: //www.cycs.org / kycg /qnyj /201511 / t20151111_72717.html，2015-11-11.

四、推行以生为本的大数据教育

（一）合理利用大数据促进青少年学习

1．树立正确的学习观念，保持理性思考

首先，应该教育和引导青少年树立正确的学习观念。一方面，面对大数据保持理性与思辨，克服技术依赖与数据崇拜；另一方面，理解学习的真正含义，远离功利的学习动机。苏伽特·米特拉认为，在今后的大数据时代，只有3种最基本的东西是青少年用得到和必须学的：一是阅读，二是搜索，三是辨别真伪[1]。也就是说，相对于汲取知识，获得知识的能力、价值观的形成、批判性思维的养成这些看似虚拟无法量化的培养更为重要。同时，人们也必须主动适应大数据时代的学习要求，例如，摒弃古老的破坏创造力的死记硬背，学会在数据海洋中搜索与辨别，有选择地借鉴，有鉴别地吸收，自觉地发掘、提升、培养搜索和逻辑决策能力，以对抗大数据技术带来的便捷，让新技术成为解放、发展、培育个人能力与天分的工具。正确的学习观念或许需要人们为此反复思虑甚至颠覆以往的一些价值理念，然而，唯有无畏的理念改革，才能够真正地发挥大数据技术对学习的正向影响。

2．建立多元的评价机制，创新教育思维

大数据时代，建立多元化的评价机制至关重要，唯有以多元的观点看

[1] 魏忠．大数据时代的教育革命[N]．江苏教育报，2014-8-6（4）．

待青少年，才能够真正实现青少年的差异化发展与公平性竞争。多元化学习评价体系是对青少年知识、能力、素质综合评价的多元系统，表现为评价的内容、过程、方式、方法、手段及其管理等环节的多样性[1]。以多类型、多规格、多层次的评价机制，囊括学习能力、社交智慧、创新精神、创新能力、自我和社会认知能力、观察能力、欣赏能力、语言和逻辑能力等人类生存所需要的一切技能，代替现行的单纯以分数为度量的考核制度，既是大数据时代“3V”特征（大量、多样性、及时性）的要求，也是人们教育发展的最终追求。评价主体、评价方式、评价结果的多样化的评价机制能够最大限度地发挥大数据推进学习自由化的正面力量。同时，大数据教育更为重要的是思想的转变。教育者必须全身心地投入到终身学习中，拥抱大数据与智能时代，缩小与数字土著的鸿沟。在相关思维、主客观思维、过程思维和经验思维的指导下，注重掌握、整合、处理、挖掘与利用大数据，以适应新的教育发展背景。

3．完善伦理规范，重视数据隐私

应当通过人为的规范控制大数据对教育与学习影响发展的方向。在大数据时代，我们不能够当时代的关灯者和关门者，而应努力建立与完善相应的伦理规范，合理地利用好这把智慧之剑。例如，2014 年，欧洲法院在“谷歌西班牙案”的审理中判定信息主体有权要求互联网搜索服务提供商将与自身姓名链接的陈旧的、不完整的、不恰当的或不相关的信息从搜索结果中删除[2]。这样，青少年们就能够对自己的数据记录拥有一定的自主权与删除权，能够安抚其作为信息被挖掘与分析的对象的安全感。又如，可持续发展原则需要科技界、产业界及政府部门在国家政策的引导下共同努力，通过转变认识、消除壁垒、建立平台、突破技术瓶颈等途径，建立可持续、和谐的大数据生态系统[3]。唯有完善大数据发展过程中的伦理规

[1] 潘菊素，王海燕，奚诚平．构建多元化学习评价体系的探讨[J]．中国大学教学，2004，（6）：47-48.

[2] 郑文明．数字遗忘权的由来、本质及争议[N]．中国社会科学报，2014-12-3（B01）．

[3] 程学旗．追本溯源——解析“大数据生态环境”发展现状［EB/OL］. http: / /www. csdn. net/article/2014-02-13/2818402-bigdata-hadoop1337292715．

范，才能够使新时代的教与学获得可持续发展。

因此，教育工作者和开发人员必须谨慎对待学生资料，高度重视数据隐私在大数据与个性化教育长期发展中的重要作用。首先，利用技术手段维护学生隐私。“在大数据时代，不管是告知与许可、模糊化还是匿名化，这三大隐私保护策略都失效了。”因此，发展保护隐私的技术显得尤为重要。我们可以致力于发展诸如数据恢复软件、防火墙、加密和防病毒等软件以减少数据暴露的风险。其次，使用双向监控技术，即数据从采集到使用都需要双向知情，数据的采集者与使用者（偷窥者也是一种特殊的数据使用者）也同样须被监控[1]。最后，加强对个人数据隐私的保护力度，举办数据隐私活动。2009年，美国图书馆协会知识自由办公室便开始举办“选择隐私周”（CPW）活动，“选择隐私周”的目的是鼓励国家对话，提高人们对大数据时代隐私问题的认识[2]。通过这些活动，不断提醒人们对数据隐私的重视与安全保护，这样才能让大数据教育健康、安全、高效地发展。

（二）大数据教育与青少年网络异化消解的路径

大数据教育被誉为深度融合创新教育，能赋予青少年网络生活新的意义，从而为消解其网络异化找到了新的路径。英国著名大数据专家维克托·迈尔-舍恩伯格指出，大数据和教育的结合将超越过去那些“力量甚微的创新”而创造真正的变革。他总结了大数据改善学习和教育的三大核心要素：反馈、个性化和概率预测[3]。在研究消解青少年网络异化的种种尝试中，我们认为，这三大核心要素不失为一个值得探讨的新路径。

---

[1] 吴军．智能时代：大数据与智能革命重新定义未来[M]．北京：中信出版社，2016:268.

[2] Adams H R. Choose Privacy Week: educate your students (and yourself) about privacy[J]. Knowledge Quest, 2016, 44(4): 30-34.

[3]［英］维克托·迈尔-舍恩伯格．与大数据同行——学习和教育的未来[M]．赵中建，张燕南，译．上海：华东师范大学出版社，2015.

1．大数据反馈功能助力形成教育合力

大数据反馈功能推动网络教与学的流行，这意味着家庭、学校和社会通过网络形成教育合力，青少年网络行为的内容与形式将有所改变，其身体畸形发展的趋势将在一定程度上得到遏制。大数据时代网络分享和数据统计、分析、挖掘等技术，赋予了教育互联网化的突破性变革，从而实现教育过程中不同主体间实时、双向、动态、持续的交流，家庭、学校通过网络实现无缝对接，社会力量参与教育过程，从而及时发现和有效监控青少年的网络行为，指导青少年适度地、合理地、科学地使用网络，从而预防、减弱甚至消解网络异化的产生。

2．大数据个性化教育缓解基础教育的焦虑

个性化教育在众声喧哗中脱颖而出，将对基础教育焦虑起到很好的缓解作用，从而削弱青少年网络成瘾的症状。基于数据统计、分析等计算机算法和模型的发展，针对学生个体学习情况的数据收集和分析成为可能，学习内容将基于分析结果加以改变和调整，教学安排上不再拘泥于同样的顺序和步调，知识的传递得到个性化处理，从而更好地适应特定的学习环境、个人偏好和学习能力[1]。这意味着教育将更加切合每个学生的实际情况。

3．大数据概率预测功能减弱虚拟社交的诱惑

大数据概率预测功能能够更好地指引学生参加现实的社交活动，由此减弱学生对于虚拟社交的沉溺倾向，获得解放。青少年沉溺于虚拟社交的一个重要原因是不明白自己究竟适合什么社交活动，又没有足够的时间去一一尝试。而学校和家长们也更加关心学生成绩的提高，推荐他们参加的活动往往不符合学生的意愿。基于概率预测的功能，学校和家长都能更好地帮助青少年融入当地的文化社交活动，让青少年在现实生活中找到切实的归属感，在团体活动中激发潜能，全面展示自己，提高社交能力，扩展

[1] 张燕南，赵中建．大数据教育应用的伦理思考[J]．全球教育展望，2016（1）：48-55，104．

社交范围[1]。由此，大数据概率预测功能可以为青少年的社交行为提供指引，有效消解网络社交异化的产生。

在大数据发展过程中，难免会给青少年带来负面影响，但只要我们寻求大数据发展与青少年学习规律的最大公约数，最终大数据教育会成为利国利民的百年大计。

[1] 乔一飞．大学生网络虚拟社交及其影响的调查研究[J]．改革与开放，2011（4）：175-176.

第六章

思维：大数据“灵魂”的自我对话

随着新一代信息技术的迅猛发展，尤其是移动互联网、大数据、云计算和智能穿戴等技术的广泛普及，数据呈爆炸式增长态势，人类社会进入一个以数据为特征的大数据时代。“一个‘一切都被记录，一切都被分析’的数据化时代的到来，是不可抗拒的。”[1]在大数据环境下，数据成为驱动经济和社会发展的“新能源”，并创造出更大的经济和社会效益。在科学研究领域，计算机图灵奖得主吉姆·格雷提出了科学研究的“第四范式”，即以数据密集型计算为基础的科研范式。在这样的大背景下，“量化一切”“让数据发声”成为时代口号，人们更加重视“全数据而非样本”的整体性思维，追求“量化而非质化”的量化思维，强调“相关性而非因果性”的相关性思维。这无疑对通过追求规律性、因果性和抽样方法来把握事物间相互关系的传统思维产生巨大的冲击。然而，任何事物都是对立统一的，在当下大数据思维热中需要保持理性，辩证看待其带来的思维转变，认真对待其存在的局限性，探寻互补之道，从而在思维层面上更好地适应大数据时代的生存和发展。

[1] 周涛．为数据而生：大数据创新实践[M]．北京：北京联合出版公司，2016：10.

一、大数据思维

（一）大数据“何为”

大数据的现代发展历史最早可追溯到1887年，美国统计学家赫尔曼·霍尔瑞斯为了统计1890年的人口普查数据，发明了一台电动机器来对卡片进行识别，该机器用1年就完成了原本预计8年的工作，成为全球进行数据处理的新起点。随着信息技术和社会的不断发展，大数据一词在不同的领域从不同的维度被赋予了不同的内涵。2008年，谷歌在《自然》杂志刊发了以“Big Data”为主题的专辑，并邀请了专家就大数据和大数据带来的挑战及如何应对进行了探讨，这是第一次涉及大数据的概念。2011年，全球最大的咨询公司——麦肯锡咨询公司的全球研究院首次明确阐述了大数据的定义：大数据是规模大到传统数据库软件工具无法采集、存储、管理和分析的数据集，并且数据集的大小会随着技术的进步和时间的推移呈现指数级增加。2012年，罗伯特·福莱则从“复杂程度”角度对大数据进行了定义，认为数据源排列数量巨大，使有用的查询变得非常困难，并且复杂的相关关系使得排除很困难。同年，维克托·迈尔-舍恩伯格从“价值大”的角度来定义大数据，他认为，通过对海量数据的分析，人们将获得前所未有的巨额价值的产品和服务或深刻的洞见。由上所述可知：大数据主要是指数据量大、来源和类型多样、复杂及价值高的数据集合体。此外，维克托·迈尔-舍恩伯格在《大数据时代》中指出：“大数据的真正价值就像漂浮在海洋中的冰山，第一眼只能看到冰山的一角，绝大部分都隐藏在表层之下。”[1]徐子沛在《大数据：正在到来的数据革命》中也强调数据发掘的重要性：“大数据之大，不仅在于容量，更在于通过数据的整合和分析，发现新的知识，创造新的价值。”[2]由此可见，大数据的关键内涵主要是指：通过对大数据进行深入全面挖掘，分析和利用数据背后隐藏的有用信息，创造新价值。

（二）大数据的特点

对于大数据的特点，可以用“4V”来概括。第一，Volume（大量），即数据数量巨大，从TB级别跃升到PB级别（$1TB=10^{12}$ bit，$1PB=10^{15}$bit）。第二，Variety（多样），即数据类型繁多，除标准化的结构化编码数据之外，还包括网络日志、视频、图片、地理位置信息等非结构化或无结构化数据。第三，Velocity（高速），即处理速度快，实时在线。各种数据基本上可以做到实时、在线，并能够进行快速处理、传送和存储，以便全面反映对象的当下情况。第四，Value（价值），即商业价值高，但价值密度低。以视频为例，在连续不间断的监控过程中，可能有用的数据仅有一两秒。

（三）大数据催生新的思维方式

所谓思维方式，就是我们思考问题的根本方法，是我们大脑活动的内在程序，涉及我们看待事物的角度、方式和方法，并对我们的言行起决定性作用。任何个体都生活在一定的时代和环境下，因此，其思维方式必定会受到时代和环境的影响。在大数据时代背景下，人类的思维方式也发生了一些变革，并催生出几种主要的思维方式。

---

[1] [英] 维克托·迈尔-舍恩伯格，肯尼斯·库克耶．大数据时代[M]．盛杨燕，周涛，译．杭州：浙江人民出版社，2013：75.

[2] 徐子沛．大数据：正在到来的数据革命[M]．桂林：广西师范大学出版社，2013：57.

1．整体性思维

整体性思维要求我们用总体的眼光去看待和分析事物，其关注的是数据的总体，不是数据的样本。一直以来，由于科学技术水平低，数据的处理技术和能力受限，因此，人们不能收集、储存和分析事物的全部数据，不能从整体上把握复杂事物。人们主要从两种途径对事物进行研究。一是采用数学与统计学的科学研究方法——抽样调查法。通过在总体中进行随机抽样，得出样本，并对样本进行精确而严密的观察、记录和分析，进而从样本的结论中来推导和把握总体，所采用的方法就是归纳-演绎法。二是运用“分割-还原理论”把握复杂的事物。以牛顿为代表的科学家们认为，把整体分割成几部分，并对所有部分进行深入的观察分析研究，进而将几部分整合还原为整体，从而达到把握整体的目的。由以上两种研究方法可以看出，无论是抽样调查还是“分割-还原理论”，其原理都是进行样本的分析，通过样本来把握整体。

但是，随机抽样的局限性所产生的误差，导致我们抽取的“样本”并不能准确地反映事物的整体性质；“分割-还原理论”更是忽略了整体并不是部分的简单相加，忽略了部分之间、部分内各要素的相互联系和相互作用。这两种方法都具有自身无法克服的局限性。大数据时代下，数据收集、存储和算法的高度发达，使我们对事物的研究不关注样本，而关注全体数据。维克托·迈尔-舍恩伯格认为：“要分析与某事物相关的所有数据，而不是仅仅分析少量的数据样本。”[1]“当数据处理技术已经发生了翻天覆地的变化时，在大数据时代进行抽样分析就像在汽车时代骑马一样。一切都改变了，我们需要的是所有的数据，‘样本’=‘总体’。”[2]信息技术尤其是大数据技术和算法提供的技术基础，使我们对整体的把握成为可能，能

[1] ［英］维克托·迈尔-舍恩伯格，肯尼斯·库克耶．大数据时代[M]．盛杨燕，周涛，译．杭州：浙江人民出版社，2013：29.

[2] ［英］维克托·迈尔-舍恩伯格，肯尼斯·库克耶．大数据时代[M]．盛杨燕，周涛，译．杭州：浙江人民出版社，2013：27.

够抓住某些可能被我们忽略的细节，提高预测的精确性和准确性；使整体成为一个具体的、可操作的整体，而不是一个抽象概念上的整体；使我们更能从全部数据中更好地挖掘有价值的信息，创造无限的价值。

2．容错性思维

“在大数据时代，要想获得大规模数据带来的好处，混乱应该成为一种标准途径，而不应该是竭力避免的。”[1]追求精确度是长期以来我们认识的一种思维定式，但是“20世纪20年代，量子力学的发现永远粉碎了‘测量臻于至善’的幻梦”[2]，使人们重估精确性与混杂性。在大数据时代，“只有5%的数据是结构化且能适用于传统数据库的。如果不接受混乱，剩下95%的非结构化数据都无法使用，只有接受不精确性，我们才能打开一扇从未涉足的世界的窗户。”[3]美国纽约大学教授冯启思（Kaiser Fung）在《数据统治世界》中论述了“出错的好处”：“虽然明知容易犯错，可依然信心饱满，这是大统计学家的标志。他们认识到没人能独占真理，只要世界上还有不确定性存在，真理就未可知。”“正是大数据的容错机制大大提高了大数据预测的准确性，不怕一万最怕万一，因为万一的疏漏也许就是致命的。”[4]就像印象派的画风一样，近看画中的每一笔都感觉是混乱的，但是退后一步你就会发现这是一幅伟大的作品，因为你退后一步的时候就能看出画作的整体思路了。因此在大数据时代，“思维方式要从精确思维转向容错思维，当拥有海量即时数据时，绝对的精准不再是追求的主要目标，适当忽略微观层面上的精确度，允许一定程度的错误与混杂，反而可以在宏观层面拥有更好的知识和洞察力。”[5]

---

[1]［英］维克托·迈尔-舍恩伯格，肯尼斯·库克耶．大数据时代[M]．盛杨燕，周涛，译．杭州：浙江人民出版社，2013：60.

[2]［英］维克托·迈尔-舍恩伯格，肯尼斯·库克耶．大数据时代[M]．盛杨燕，周涛，译．杭州：浙江人民出版社，2013：47.

[3]［英］维克托·迈尔-舍恩伯格，肯尼斯·库克耶．大数据时代[M]．盛杨燕，周涛，译．杭州：浙江人民出版社，2013：60.

[4]［美］冯启思．数据统治世界[M]．北京：中国人民大学出版社，2013：222.

[5] 大数据带来的四种思维[J]．信息系统工程，2015（3）：9.

3. 相关性思维

相关性思维是大数据时代的核心思维方式，它关注的是数据之间的关联性，要求我们知道“是什么”就可以了，而不需要知道“为什么”，不需要了解数据之间的因果关系。在大数据时代，由于数据呈爆炸式增长，数据量更是海量之大，要想在海量数据中找出所有量与量之间的因果关系几乎是不可能的，也难以操作。因此只好把数据当成一个整体来看，从宏观的视角对数据进行观察和分析，寻找数据之间的相关关系，而不是极力去寻求局部间各要素的因果关系。“由于这些相关数据之间在黑箱内经过了十分复杂的相互作用，不再是小数据时代的简单、直接的线性因果关系，而是复杂的非线性因果关系，因此，大数据时代的相关关系比因果关系更重要。”[1]维克托·迈尔-舍恩伯格认为：“我们的思想发生了转变，不再探求难以捉摸的因果关系，转而关注事物的相关关系。”[2]而建立在相关关系分析的基础上做出的预测正是大数据的核心所在。所以，大数据背景下催生出的相关性思维模式正对传统的因果思维模式提出挑战，同时也为我们认识世界提供了一个新视角、新思维。

（四）大数据思维方式的特征

（1）开放性。从上述几种新思维方式可以看出，大数据时代催生出的新思维方式正对我们惯性的因果思维方式产生巨大的冲击和挑战，而新生事物的产生也必定有它存在的合理性，因此，我们需要不断地解放思想，不断吸收新的信息，从而形成新的思路和方法。

（2）敏捷性。在大数据时代，数据的增长速度由原来的每十年增长一倍发展到每两年增长一倍，数据正爆炸式地增长。而数据的爆炸式增长也

---

[1] 黄欣荣．大数据时代的思维变革[J]．重庆理工大学学报（社会科学），2014（5）：13-18.

[2]［英］维克托·迈尔-舍恩伯格，肯尼斯·库克耶．大数据时代[M]．盛杨燕，周涛，译．杭州：浙江人民出版社，2013：29.

容易导致数据混乱和数据失控，进而约束人类自身的发展。如何控制和协调好数据，抓住大数据时代的机遇，这要求人类不断地提高思维的敏捷性。

（3）前瞻性。大数据的核心是基于海量数据的相关性分析所进行的预测。例如，谷歌通过用户的搜索词条成功地预测流感爆发趋势；沃尔玛通过调整啤酒和尿布的摆放位置大幅度提高了销售额，以及在飓风来临之前把手电筒和面包放在一起提高销售额等。在数据驱动下的相关分析有助于我们发现事物之间关联性，并在此基础上做出迅速精准的预测，起到前瞻性的作用。

（4）个性化。思维方式的个性化是指思维个体在思想、意志、情感等方面不同于其他个体的特质。亚马逊、淘宝、京东等购物网站根据客户在网站上的浏览记录、页面的停留时间、购买的商品等维度所产生的数据进行存储和分析，找出用户感兴趣、习惯或有购买意向的产品和服务，并向顾客提供个性化的商品推荐，成功地提高销售额。个性化思维的应用正由商业服务领域向医疗卫生、教育科研等众多领域快速蔓延。

二、大数据思维的“自我追问”

（一）全数据模式：“N = 所有”？

各种传感器和智能设备的普及，使人类能对事物进行实时监测，对数据进行即时采集、传输，获取到的事物数据不只是样本数据，而是全部数据，这种模式被称为全数据模式。在全数据模式的基础上，可以更全面地分析和把握事物的特征和属性，也有利于更客观和科学的决策。但对于全数据模式，有学者提出：“N = 所有”常常是对数据的一种假设，而不是现实[1]。因此，在追求全数据的同时，需要进行必要的审视。

首先，我们逐渐陷入数据的爆炸增长和技术滞后的矛盾中。在大数据环境下，数据是瞬息变化的，并不是保持静止状态的。根据 IBM 的估计，每天新产生的数据量达到 2.5×10^{18} 字节，如果把 1 立方米的水比作一个字节，那么它的数据量比地球储水总量 1.42×10^{18} 立方米还要大，其数据增量是非常惊人的。即使数据技术水平快速提高，但相对于数据增长速度仍然是滞后的。“即使我们确实收集了所有数据并用技术对其进行分析，那也只能把握点与点之间的关系，或者把握局部的相关性。但这不代表能获得事物发展的普遍性规律和趋势。”[2]这说明，技术的相对滞后阻碍着全数据模式的实现。

其次，“数据孤岛”的客观存在，使全数据模式的实现受到一定的限制。要实现全数据模式，其重要前提是实现数据开放与共享。随着数据蕴藏的价值为企业和政府所熟悉，数据开放与共享取得了一定的成效，但到目前为止，数据资源流通渠道仍未完全打通，“数据孤岛”问题在一定程度上仍然存在，主要表现在如下方面。其一，数据跨行业流动仍未真正实现。企业、政府在意识到数据潜在价值后，也快速地在部门间或部门内部实现数据资源的流动，以便于组织的便捷发展。然而，在各数据主体利益驱使下，部门间和部门内部的数据却没有实现真正的互流，这也成为“数据孤岛”亟须解决的重要问题。其二，数据交易市场的兴起在一定层面上加剧了“数据孤岛”的形成。以数据销售为盈利模式的新兴企业，在利益的驱使下，必然会提高其所收集到的数据的保密程度，而这一心理和行为也将使得“数据孤岛”问题更加凸显。其三，企业对接速度慢，数据更新速度快，使“数据孤岛”问题突出。由于技术的发展速度跟不上数据的增长速度，数据更新较慢，新旧数据的共处将“蒙蔽”人的视觉，导

---

[1] 董春雨，薛永红．从经验归纳到数据归纳：特征、机制与意义[J]．自然辩证法研究，2016（5）：9-16.

[2] 张康之，张桐．大数据中的思维与社会变革要求[J]．理论探索，2015（5）：5-14.

致新层面的“数据孤岛”。因此，所谓全数据模式也许会成为我们所憧憬的理想状态，是数据技术发展所架构起来的新“乌托邦”，是信息社会的投影——柏拉图的洞穴阴影。

最后，大数据的关键价值并不在于“大”和“全”，而在于“有用”。全数据模式的追寻会造成这样一种错觉：只要能获取全部数据，就能挖掘更多的数据价值。而目前能够被挖掘出价值的数据大多是能被电脑识别的结构化数据，但在整个数据世界中，大多数有价值的数据都是基于文档未被标识的非结构化数据。2014 年新增数据中，非结构化数据在数据总量中占比超过 80%，2015 年这个比例超过 85%。与此同时，非结构化数据增长的速度是结构化数据增速的两倍以上[1]。这导致了一些因无法识别而不能被标识的非结构化数据成为“数据垃圾”，最终被抛弃。这样，我们所谓的全数据模式的实现将变得更加困难。

（二）一切是否皆可“量化”

在大数据时代，自然界和人类社会的一切现象和行为变化被数据化，“量化一切”成为可能。在物的数据化的同时，我们需要注意量化思维存在的几个问题。

1. 本体与方法的缺陷

大数据时代，人们的一切活动都会留下数据痕迹，整个世界也逐渐演化为一个数据化的世界，数据世界观不断凸显。在数据世界观指导下，“量化一切”便成为大数据时代的方法论。哲学家也在反思世界本体论的问题，甚至提出“世界的本原是数据”的论断。但数据是否就成了世界的本体呢？我们认为，之所以会产生这样一种观念，主要源于对数据本质认识有所偏失，需要慎思这一问题。

[1] 周涛．为数据而生：大数据创新实践[M]．北京：北京联合出版公司，2016：41.

首先，大数据的数据来源主要基于人类社会生活中有意识或无意识的行为。换言之，大数据是对人类社会生活的感性对象性活动这一客观存在的量化反映，而“量化一切”正是在大数据时代下提出的认识事物的一种理想方法。因此，从本质上说，数据的根源依然是客观的物质世界，离开了物质世界，数据便成了“无源之水，无本之木”。

其次，“量化一切”的主要目的是对基于人们过去的感性对象性活动所产生的数据进行采集、传输、存储与分析，实现干预和引导人们的行为。其主要作用是提高预测的客观性和科学性，更好地发挥人的主观能动性以创造未来。但是，这种“量化一切”的理想方法只意识到了“数据是人类社会生活的静态数据”，却忽略了“人类社会生活是动态的数据”这一客观事实。它把整个人类社会生活当成一个没有生命力的静态数据集，忽视了整个自然界和人类社会中很多现象都是瞬息变化的。

2. 个人行为“被选择”

量化预测将使个人行为“被选择”。基于大数据技术对人们的行为、态度、性格等进行量化分析处理，能预测并帮助人们找到所谓合适的恋爱和结婚对象，但我们也会质疑：系统为个人找到的这一对象是否就是最合适的呢？如果我们遵循数据量化分析而做出这一选择，那么个人的直觉和感觉是否应该摒弃？我们是让渡自己的选择权还是遵循系统使我们“被选择”？从另一个角度看，这是一个关于感性和理性关系的认识问题：感觉和灵感等感性因素是人生命之初所仅有的，是人对整个自然和社会最本能的直觉。而理性则是在感性的基础上后天逐渐发展而获得的。人们之所以更加重视理性，主要是由于理性因其清晰而严密的逻辑使人易于掌握，而感性却因其不确定性使人易于忽略。但也正因为如此，理性是有所限制的，而感性却因其不确定性能打破限制而无限延伸，也能对时刻变化发展的世界做出最本能的直觉反应。我们对基于大数据分析能找到所谓合适的恋爱或结婚对象有所疑虑，是因为犹如人脑不可能被代替一样，感性也不能被理性代替。

大数据分析预测的对象也许是个不错的选择，但不一定是合适的或最佳的选择。这种预测其实对个体的选择自由已经产生了一定的影响。

3．数据独裁的加剧

量化预测加剧“数据独裁”。数据化思维的核心是定量化，或者说“用数据说话”[1]。量化分析所做的成功预测，会进一步加剧人们对数据资产的依赖。沃尔玛所谓的“啤酒与尿布”的成功案例便是实证。企业和政府也更加重视数据的作用，尤其在决策过程中更加注重用数据说话，似乎缺乏数据，其说服力便大打折扣。如果政府做任何一项决策都以数据为依据，则会产生与之期待相反的后果。举个例子，今年的 GDP 为 6%，去年的 GDP 为 6.3%，今年相比去年下降 0.3 百分点，是否就可断定今年的经济发展状况一定不如去年呢？很显然，仅以此数据为标准做出这样的评估是不客观的。互联网哲学家叶夫根尼·莫罗佐夫对许多“大数据”应用程序背后的意识形态提出尖锐批评，警告即将发生“数据暴政”[2]。“词本无意，意由境生”，数据分析和预测需要与相应的场景联系，否则会产生“歧义”。

4．隐私窥视与道德拷问

“量化一切”使个人隐私进一步被窥视，同时量化预测有时也有悖于道德伦理。首先，个人隐私暴露在太阳底下。可穿戴工具、智能芯片等各种智能设备的应用，能实时监测人们的一切行为，我们裸露在“第三只眼”的监控下，成为“透明人”，如各种医疗传感器能实时监测个体的生理变化等。其次，数据化隐私泄露加深社会歧视。随着个人行为数据化，在数据利益诱导下，极易出现隐私泄露问题，也将加深社会歧视程度。例如，当医院泄露个人医疗数据，数据显示某人患有 HIV，人们便戴着有色眼镜

---

[1] 周涛．为数据而生：大数据创新实践[M]．北京：北京联合出版公司，2016：自序。

[2] 新闻纵横．“大数据”时代需警惕“数据暴政”[N]．新华每日电讯，2013-7-4（6）．

看待此人，造成患者的心理失衡、生活受阻、就业困难等，除了个人人权遭到侵犯，社会歧视程度也进一步加深。最后，大数据预测也会违背人类道德。众所周知，Target 有一个项目分析，就是根据个体浏览和购买孕妇产品的数据分析，能提前预知某少女何时怀孕，并将有关的妊娠产品优惠券送给该少女，其父亲事先却并不知情，得知后痛骂了企业经理一顿。此事背后折射出两个值得深思的问题。第一，企业是如何获知该少女怀孕的？个人的隐私是如何泄露的？反言之，我们的隐私处于窥视中，且在个人毫不知情、没有同意下被获取，这不仅让个体感到恐慌，也是触犯法律的。第二，父亲作为该少女最亲密的人还未得知此事，而企业却先获悉并推送优惠券，这是否是对他人的一种不尊重？是否有悖于道德伦理？相关的伦理问题值得反思。

（三）相关性的过度崇拜

大数据的核心思维是相关思维，但相关思维在生活实践中也衍生出过度崇拜的问题。人们之所以会对相关思维过度崇拜主要有以下几个原因。

首先，海量数据的存在，使人们无法直接从众多杂乱的数据中挖掘出真正有价值的东西，因此，只能通过统计学上的相关性分析来获取事物之间的关联性，再进一步挖掘出背后真正的“知识”。

其次，在高度复杂的时代背景下，挖掘事物间因果性的难度进一步加大。复杂性科学告诉我们，世界是复杂的、普遍联系的，要求我们用复杂的思维去看待世界，从整体上去把握和研究整个人类社会。相关思维从宏观上把握事物间的关联性这一特性，更加加剧了人们对相关思维的崇拜。

最后，在瞬息变化的环境下，相关分析更适合商业运行逻辑：只重形式不求原因。对于实用性的商业活动，其追求的是在最短的时间内，用最低的成本来获取最大的利润，这进一步加剧了企业对相关思维的过度崇拜。

“大数据的本质，是一种统计学上的相关性，从现象上看，它与经典科学中的统计规律是一致的，这是它们相同的或者说是易混淆的地方。”[1]然而，在运用相关分析时须注意以下两点。

第一，相关分析关键要找到“关联物”。随着数据量的增长，数据的广度和深度也不断扩展，无意义的冗余、垃圾数据也越来越多，带来的更多是数据噪声，真正有价值的数据就被淹没其中，如何从众多的数据噪声中寻找出其中的“关联物”则是大数据分析需要解决的重要问题。

第二，伪相关、虚假相关的客观存在是大数据分析的难点。统计学上，相关关系的种类很多，有正相关和负相关、强相关和弱相关，同时也有假相关、伪相关等。假相关等相关关系会导致分析结果的错误而带来严重的后果。谷歌流感系统几次流感预测结果错误便证实了这一点。如何识别假相关等相关关系则是大数据分析需要突破的难点。

寻找事物的因果关系是人类长期以来形成的思维定式和习惯，也是把握事物内在本质的必要途径。著名科学哲学家赖辛巴赫认为：“不存在没有因果关系的相关关系。”[2]要防止对相关性思维的盲目崇拜，突破大数据思维的局限性，就要注重运用互补思维来超越大数据思维的局限性。

---

[1] 董春雨，薛永红．从经验归纳到数据归纳：特征、机制与意义[J]．自然辩证法研究，2016（5）：9-16.

[2] Hans R. The Direction of Time[M].Berkeley: University of California Press,1956:44.

三、在互补中实现大数据思维的超越

（一）着眼整体、兼顾部分

整体与部分作为标志着客观事物的可分性与统一性的哲学范畴，具有重要的认识论意义。从认识方法看，全数据模式注重的是用整体方法去把握事物，而不是还原方法。因此，要克服全数据模式的局限性，必须要着眼整体，系统把握；兼顾部分，深化认识，实现整体方法和还原方法的统一。

首先，着眼整体，系统把握。经典系统论认为，要把事物看成一个有机整体，注重发挥整体性的特性和功能。此外，复杂性科学认为，世界是复杂多变的，我们应树立全局视野，从整体上把握复杂对象。在大数据时代，我们应做的是把全数据作为一个整体，利用机器和建模去寻找数据间的相关关系，寻找“关联物”，对数据背后折射的事物把握其整体属性，并进一步分析事物内部各要素间的结构和联系，深入挖掘要素间的因果性，具体、综合地认识事物。

其次，兼顾部分，深化认识。传统还原论认为，把事物分割为不同的部分，通过对各部分的理解整合实现对整体的认识。虽然传统还原论也存在忽略事物各部分之间的相互联系、相互作用的缺陷，但这并不能说明还原论已没用处，其还原方法也并没有消除人们对事物的整体认识。某一机器的总体重量等于各部分零件的重量之和便是个例证。在研究策略方面，还原论的思想主要体现为一种逐层分析的策略[1]。因此，在复杂性时代下，运用好还原方法的关键在于认知还原事物的层次性。

在大数据时代，由于数据巨大且结构复杂，难以寻求各数据间的因果关系，因此，我们选择把全数据看成一个整体去把握其相关性，但数据物化的这一整体本质是什么，则需要我们进一步分析其内部各要素间的因果逻辑，这实质上运用的就是还原方法。从这个意义上讲，因果逻辑探究是还原方法的具体体现，但这一还原方法又与传统还原方法有区别。因此，“还原方法与整体方法的复杂关系，归根结底应该是‘互补’的。”[2]现代科学发展也表明，“不要还原论不行，只要还原论也不行；不要整体论不行，只要整体论也不行……科学的态度是把还原论与整体论结合起来。”[3]只有充分认识整体与部分的辩证关系，认识整体方法和还原方法的复杂关系，才能利用好这一工具去认识和改造世界。

（二）量化与质化耦合

量化研究的目的是对事物及其运动的量的属性做出回答，而质化研究的目的是深入研究对象的具体特征或行为，进一步探讨其产生的原因。从内容上看，质化研究与量化研究应该是统一的、相互补充的：质化研究为量化研究奠定基础，是量化研究的依据；而量化研究是质化研究的具体化，使质化研究更科学、准确，从而得出更广泛而深入的结论。两者从不同的角度分析问题，各有其优点，也正因为如此，才能达到对事物更全面的认识。因此，在科学研究中应将两者结合起来，取长补短，发挥最大效应。

首先，量的整体把握为质的研究奠定基础。在大数据环境下，“量化一切”之所以显示出其重要的作用主要基于 3 点原因。第一，海量数据使

---

[1] 王翠平．还原论的局限与发展：强弱还原辨析[J]．河南师范大学学报（哲学社会科学版），2015（1）：92-96.

[2] 董春雨．从因果性看还原论与整体论之争[J]．自然辩证法研究，2010（10）：24-29.

[3] 许国志．系统科学与系统工程研究[M]．上海：上海科技教育出版社，2000：34.

“量化一切”成为可能。基于各种智能设备的应用，人们的物理世界和虚拟世界都可以被量化，通过对感性对象的数据化分析，从量的相关系数所呈现的相关程度能够找寻数据间的关联性，把握数据间的相关关系，在量上确定数据物化的联系。第二，“量化一切”有利于我们从量的整体性上把握事物。通过量化分析，能对事物在量的整体性方面有一个大致的认识，且这一整体性认识并非是质化研究意义上对事物的抽象普遍认识，而是具体细化为对具有关联性的具体事物的整体认识，即能让我们构造一个全新的整体图景。第三，大数据的实质是一个量的关系集合体，具有实践指导意义。艾伯特-拉斯洛·巴拉巴西指出：“人类行为 93%是可以预测的。”[1]只是过去我们没有相关数据，也没有一定的方法来探究人类的行为。因此，量化研究对于把握事物间的相关性趋势具有重要的价值。

其次，质的因果研究创建新的联系，满足新需求。大数据的量化分析虽使我们从整体上把握了事物的相关性，但并不能明确两者之间的因果性。因果关系是要素间相互作用过程与其效应之间的联系[2]。因此，在量的维度把握关联事物的基础上，需要深入研究事物内部各构成因素的结构和组合作用，探寻各内部要素的因果性，改变各要素间的相互作用，并结合人类发展的需求创造满足人的需要的结果。另外，新的由内在要素间因果逻辑推导出的因果关系，可在量化研究中进一步考察或检验。如此，通过量化研究给质化研究提供有关感性对象的量化整体属性和一般结构，质化研究在此基础上深入探究要素间的相互作用，得到具有代表性的结论，再放到全数据中进行量化研究予以实证，从而实现量化和质化的互补。

---

[1] [美] 艾伯特-拉斯洛·巴拉巴西．爆发：大数据时代预见未来的新思维[M]．马慧，译，北京：中国人民大学出版社，2012：226.

[2] 王天思．大数据中的因果关系及其哲学内涵[J]．中国社会科学，2016（5）：22-42.

（三）关联蕴含因果

在大数据时代背景下，维克托·迈尔-舍恩伯格提出，“我们知道是什么就够了，没有必要知道为什么”。[1]此后，人们更注重相关关系，而不是因果关系。但是，在整个人类社会都积极关注相关关系的同时，也必然要反思和重估因果关系的重要性和影响。我们不禁会产生疑虑并反问：其一，世界上存不存在因果关系这一本体论问题？其二，相关关系与因果关系之间究竟是什么关系？其三，在科学研究中如何实现两者的互补？

对于因果关系本体论的问题，我们认为，因果关系是客观存在的。因果思维是人类长期以来形成的一种思维习惯，也是我们认识世界本质的逻辑前提。近代以来，自然科学和人文社会科学的研究成果都是建立在因果关系这一严密的数理逻辑推理之上的，而且自然科学的中心任务正是揭示事物之间的因果关系。关于因果关系与相关关系的关系问题，有学者认为它是科学与技术关系在大数据时代背景下的一种折射。科学是探究因果关系即因果律的学问，而技术是解决问题的方法、技巧，两者关注的焦点存在差异，但两者并非对立的关系，如同技术解决“怎么做”、科学回答“为什么”一样，相关关系可以在实践中引导我们“怎么做”，而因果关系可以告诉我们“为什么”这样做[2]。

即便大数据时代更侧重强调相关关系，也始终离不开对因果关系的追寻，这是由思维的本性决定的。侧重相关分析并没有否定因果分析，也并没有说明因果关系不重要，反而更有利于因果关系的深入分析，因为两者并不是排斥的关系，而是并存的关系。我们可以在科学研究中实现两者的优势互补。

---

[1] ［英］维克托·迈尔-舍恩伯格，肯尼斯·库克耶．大数据时代[M]．盛杨燕，周涛，译．杭州：浙江人民出版社，2013.67.

[2] 宋海龙．大数据时代思维方式变革的哲学意蕴[J]．理论导训，2014（5）：88-90.

首先，相关关系为因果关系研究奠定基础。在大数据时代，我们可以在海量数据的基础上通过相关分析快速、便捷、精确地找出某事物的关联物，然后对关联物进行因果关系的探寻，把握事物的本质。正如维克托•迈尔-舍恩伯格所说：“通过找出可能相关的事物，我们可以在此基础上进行进一步的因果关系分析，如果存在因果关系的话，我们再进一步找出原因。”[1]而在寻找特征关联物的过程中，其实也内含着因果关系的分析。

其次，因果关系是相关关系的内在规定和目标。在科学研究领域，我们所追寻的不仅是知道“是什么”的相关性，更重要的是明确事物之间“为什么”的因果性，由此建立起来的科学理论才能经受住实践的检验。从这个意义上讲，因果关系是大数据时代下相关关系内在的、本质的规定，也是相关关系背后所追求的目标所在，起着决定性的作用。我们需要做的是，以因果思维为研究根基，以相关思维为研究导向，把两者互补起来挖掘大数据蕴含的价值，实现大数据思维的超越。

---

[1]［英］维克托·迈尔-舍恩伯格，肯尼斯·库克耶. 大数据时代 [M]. 盛杨燕，周涛，译. 杭州：浙江人民出版社，2013：88.

第七章

心理：数据迷失下的心灵安放

大数据不仅影响人的思维，并最终产生大数据思维这种新的思维方式，而且同时影响人的心理，在带来人的自我提升的同时也容易造成自我的迷失与困惑。在大数据洪流中，如何找到自我发展的平衡点安放心灵，探寻在新时代自我重新定位的路径，理性对待和利用数据进而实现自我超越，是大数据时代必须深思的问题。

一、大数据时代自我迷失的表现

在弗洛伊德人格分析理论中，自我是从本我中分化出来的，受“现实原则”支配，一方面它要满足本我的原始冲动，追求快乐；另一方面它要符合良心、道德等超我的评价，以社会能够接受的方式满足个体的需要。自我的基本任务是协调本我的非理性需要与现实之间的关系。为了使本我的需要在以后适当的时候得到更大的满足，它往往推迟满足某些需要，表现为对本我需要的控制和压抑[1]。在大数据背景下，信息的容量大、更新快、多样化使人的本我得到了一定的释放，同时也给自我带来了挑战与困惑，从而导致了人的自我迷失。

（一）自我焦虑被强化

弗洛伊德最早从心理学角度重视并探讨焦虑问题，他认为焦虑是自我与本我之间、本能欲望与现实调节之间冲突的结果。借助大数据技术，人对信息的获取变得唾手可得。与此同时，人自我与本我之间、本能欲望与现实调节之间的冲突和矛盾也在不断扩大。

爆炸性增长的信息，使人们处于信息过载的困境。在信息爆炸的时代，大数据时代的到来使信息的触及成本和门槛被无限降低。在这种情况下，人的本性会促使人们倾向于大量获取信息和资源，将它们储备起来，以提高日后有资源可用的可能性。可是，当我们储藏得越多，我们获得的价值

[1]［美］C.R.斯奈德，沙恩·洛佩斯．积极心理学：探索人类优势的科学与实践[M]．北京：人民邮电出版社，2013.

比例就越小。我们每天获取的新鲜信息比我们每天利用和消化的量要大得多，摄入与支出不平衡。长此以往，我们的信息库存越来越多，并且这个速度在大数据的发展下永远不会降低，直到远远超出我们的承载范围，这种情况被称为“数据过载”。我们存储的信息资源，远远超出了我们能负担的范围。海量的信息并不意味着可用信息海量。在大数据时代，我们获得信息的本能更加容易被满足，但这并不意味着利用信息实现价值更加容易，反而有可能因为信息的冗余加大了其中的阻碍。这时我们“获得信息”的欲望本能与利用信息实现价值的现实之间的冲突便会加深，从而导致我们在“获得信息”的欲望不断被满足、希望不断高涨的同时自我焦虑也在不断被强化。

另外，在大数据时代，数据成为可以产生利润的资源。但数据的混杂性、应用的复杂性和高成本的特点，往往使得大数据背后的真相流于表面。个人无法探究其数据背后“真相”的准确性，由于数据庞杂只能借助技术继续验证，便陷入数据泥潭的死循环。这时，人想探究数据背后的准确性的欲望无法被个人和现实技术满足，使得自我焦虑不断被强化。

此外，人际关系的建立愈发便利，这使人的交往欲望得到释放的同时又被套上另一层枷锁，角色扮演与角色信息不匹配潜在的危机，对潜在威胁的情境产生不安、忧虑、紧张甚至恐惧的情绪状态，加深了自我的焦虑。

（二）主体能力被弱化

在整个人类历史长河中，人把自身作为主体，自发与对象、客体区分开，标志着人类的自我意识的诞生，也标志着真正意义上人的诞生[1]。主体是相对于对象、客体而言的，主体对客体有认识和实践能力。人只有充分发挥主观能动性，主动地发挥创造力，才能使其区别于物，获得更好的

[1] 金志．网络学习中人的主体性的迷失与对策[D]．长沙：湖南师范大学，2010.

生活。大数据的到来，对人主体能力的影响是双面的——一方面借助大数据技术人们认识世界和改造世界的能力提高了，另一方面又深陷于数据海洋中，主体能力在一定程度上也被弱化了。

在信息的海洋中，人们往往表现得无所适从或者随波逐流。人们过度依赖数据、崇拜数据，以致成为数据的奴隶。在大学课堂中，当老师现场提问时，大部分同学的第一反应是低头查看手机从中获取答案信息，而非独自思考进行自我创作。这样的学习氛围如何培养出具有能动性和创造力的人才呢？还有一种表现则是“傻瓜式”接收各种信息，无门槛地接受和散播信息数据，不考虑信息的真实性，缺少辩证思考，不会采取实证加以验证，导致不实信息得以流传。或许这归根结底并非大数据的错，可是大数据的发展却在一些方面不利于培养人们对客体的认识和实践能力，难以提升人的创造性和独自思考的能力，被动地成了工具的客体，弱化了人们的主体能力。

（三）自我意识能力弱化

自我意识是人对自己身心活动的觉察，即自己对自己的认识，自我意识由自我认知、自我体验和自我调节（或自我控制）3 个子系统构成[1]。大数据的发展，使自我意识造成一定的紊乱，导致自我迷失。

自我认知进程受阻碍，“我是谁”问题更难以解答。在古希腊德尔斐神庙门楣上有句“认识你自己”，哲学家苏格拉底曾把其作为自己哲学的座右铭，其强调的便是自我认知的重要性，这是一个从古到今都被人们所重视的问题，而这个问题在数据信息横流的时代似乎更难以解答。一来如今人与人之间的交流更多地表现在数据之间的流动，缺少面对面的交流。过多地依赖数据、仅凭借数字符号来认识自我很难上升为全面的真正的认识，从而使自我认识的封闭性和片面性不断加强，自我认知进程受阻。二来数据多样化等特性使人们被干扰的程度比以往更强，自我反思难度加

[1] 孟繁兴．两种自我意识个体的注意偏向[D]．上海：上海师范大学，2009.

大。原始数据的不准确，以及数据采集处理粒度、应用需求与数据集成和展示等因素使得数据在不同维度、不同尺度上都有不同程度的不确定性。传统侧重于准确性数据的处理方法，难以应对海量、高维、多类型的不确定性数据。具体而言，在数据的采集、存储、建模、查询、检索、挖掘等方面都需要有新的方法来应对不确定性的挑战[1]。当手机——数据信息收集的工具逐渐成为人们必不可少的安全感的象征的同时，也意味着自我反思、自我独处的难能可贵，而自我反思恰恰是自我认知的重要途径之一。人们此时更容易被收集到的信息干扰，加之无法证实信息的准确性，人们更容易陷入困惑。三来根据“镜中我”理论，人的行为在很大程度上取决于对自我的认知，而这种认知主要是在与他人的社会互动中形成的，他人对自己的评价、态度等，是反映自我的一面“镜子”，个人透过这面“镜子”认识和把握自我[2]。人们迫切希望传播自己的信息，从而得到来自他人的反馈，如微信朋友圈，当无人观察点赞自己动态之时，我们会认为没有得到他人的关注和理解，从而感到失落，认为自己的人际关系或别的地方出了差错。而在大数据环境下，难以避免的信息失真、混乱冗余，却使这种评价徘徊于现实与虚拟的不一致之间，导致在自我认知的这面“镜子”前多了一层迷雾。

数字符号的飘零，弱化自我控制能力。2016年，人民日报关于手机依赖症的调查显示：人们一天要看150次手机，按普通人每天清醒16个小时计算，平均每6.4分钟就要看一次手机[3]。另外，清华大学教育研究所宋术学博士在全国范围内选取清华大学、上海大学、北京航空航天大学、南京大学、内蒙古师范大学、长春理工大学、华中师范大学、吉林师范大学8所高校进行了调查研究，结果显示，有20.7%的大学生经常“随意地在网上浏览，没有任何目的”，选择“其实我每次都只想上网待一下，但

[1] Zhou A Y, Jin C Q, Wang G R, et al. A survey on the management of uncertain data[J]. Chinese Journal of Computers, 2009, 32（1）：1-16.

[2] 赵长春．人际传播的“镜中我”理论与大学生思想政治工作[J]．华北水利水电学院学报（社科版），2008（1）：101-102.

[3] 张威．触屏时代不做“屏奴”[J]．工会博览，2016（18）：38-42.

常常一待就待很久不下来”的占 40.2%，选择“我每次下线后其实是想要去做别的事，却又忍不住再次上网看看”的占 16.7%[1]。这些“一待就待很久”“忍不住再次”的字眼及得出的调查数据展示的是大部分人，尤其是大学生在数据面前自我控制力的弱化，在从网络获取信息数据时放弃主动意识的被动局面，渐渐失去了自我控制、自我规划设计的意识。

（四）自我矛盾深化

在大数据面前，人的被释放与被遗忘之间的矛盾在加深。人们丢失了被遗忘的权利，在网络空间自由自在畅游的同时，其足迹都会被大数据所记录，这些数据甚至有时会被作为隐私资料倒卖，通过数据人们像是能被看透，从而导致人们获得解放与遗忘权被剥夺之间的矛盾不断深化。

于是，出于人类的自我保护机制，人们为了在满足自身释放的同时又不被记录，只能制造个人的虚假信息，虚构第二个“我”，这使得人们陷入了同一性危机、双重身份（现实与虚拟的身份）的矛盾中。

（五）自我价值观被异化

大数据的发展，为人类构造了一个更加自由且充实的数据环境，其中在现实生活存在的规则惩罚的约束在其上都得到了一定的释放，由于这种释放，自我和本我之间很容易产生失衡，容易使得主体的自我价值观失范及异化。数据传播速度之快，使得一些错误的价值观还没来得及被检验时已传得沸沸扬扬甚至深入人心，特别是对一些身心健康尚未发展完善的青少年群体，影响巨大。对于网上的一些不良信息我们似乎已经习以为常，这样的习以为常实则已在潜移默化地影响着我们的价值观，从未定型到紊乱，从定型到动摇、固化、异化。对这种潜在且蠢蠢欲动的危机必须要加以重视。

---

[1] 宋术学．八所高校大学生网络主体性调查及其教育对策探讨[J]．教育科学，2006（4）：66-69.

（六）自我心理失衡

一方面，数据世界的操作者与参与者之比导致个体差异被拉大。虽说数据都是由我们产生的，可是能拥有并且进行开发利用数据的只是少数的操作者，作为参与者的我们被抛在了虚拟实践之外，甚至作为被观察的对象。这使得信息加剧了数据鸿沟，大数据富有者和大数据贫穷者之间存在数字鸿沟[1]，不具备数据认知能力的大部分主体和少部分数据精英之间也存在数据鸿沟[2]，以至于人与人之间的主体性差异越来越大，势必造成一部分人长期处于被动地位，造成一部分人心理失衡[3]。

另一方面，地区数据之比导致地区差异被拉大。目前，中国农村与城市的贫富差距仍然悬殊，大数据、人工智能等高新技术在一些农村或欠发达地区并没有得到发展，信息产业的高速发展导致地区发展差距越来越大，中心化被不断强化，边缘化地区人们心理差距不断被拉大，表现出失衡状态。

二、大数据时代自我迷失之源

大数据时代人的自我迷失不是单一因素造成的，而是复杂的多因素综合作用的结果。

---

[1] Danah B，Kate C. Critical question for big data[J]. Information Communication & Society，2012，15（5）：674.

[2] 蔡翠红．国际关系中的大数据变革及其挑战[J]．世界经济与政治，2014（5）：133-134.

[3] 赵建军，代峰，郇晓燕．虚拟实践中的主体性境遇[J]．自然辩证法研究，2002（5）：44-46.

（一）社会方面价值观与数据素养培养的缺失

从整体上看，中国目前正处于社会转型时期。从经济体制上看，中国正从计划经济体制向市场经济体制转变；从社会形态上看，中国社会正从传统社会向现代社会，从农业社会向工业社会和信息社会，从封闭性社会向开放性社会变迁；从社会结构上看，中国的社会转型不仅仅是某些单项发展指标的实现，而是一种整体的、全面的结构变化——结构转换、体制转轨、利益调整和观念转变，人们的行为方式、生活方式和价值观念都会随之发生明显的变化[1]。中国社会状况的巨变导致人们生活形态发生了各种各样的变化，在20世纪90年代社会改革环境的影响下，社会价值观体系随之逐渐被肢解与重构。在新的社会价值体系尚未深入人心之前，人们的价值观和思想观念很容易受到冲击。加之互联网、大数据和人工智能时代的到来，为各种良莠不齐的思想观念提供了快速传播的技术支持，导致人们的思想观念混杂。

大数据时代需要相应的数据素养和数据文化，但在人们尚未具备较高信息素养和数据文化之前，大数据时代已经悄然来临且迅猛发展。数据素养和数据文化培养和教育的缺失，使人们无法获得游走于数据海洋的方向盘，从而感到困惑和迷失。

（二）科技方面数据的盲目崇拜与运用的不平衡

对云计算、大数据等信息科学技术的盲目崇拜是人们自我迷失的技术根源。从技术的自然属性来讲，任何技术都是遵从自然规律的能量转换器，只是转换效率有高低之别。每一项技术都是人类在认识自然、改造自然的过程中为满足自身需要而发明的产物。自然界在接受人类所施加的影响的

[1] 刁宏宇．论中国转型期社会风险与政府治理[J]．佛山科学技术学院学报，2010（2）：50-54.

同时，必然对人类施加反作用[1]。这是不以人的主观意志为转移的客观规律。所以，当出现数据崇拜、数据独裁、数据量化一切的价值观时，对数据决定论的狂热使人陷入自我迷失中。

当前我国社会主要矛盾已经转化为人民日益增长的美好生活需要和不平衡不充分的发展之间的矛盾。从社会生产力看，我国仍有大量传统、落后甚至原始的生产力，而且生产力水平和布局很不均衡。不同地区、领域、群体和个人等应用大数据技术的程度很不平衡，城乡、区域和行业的数据量及技术水平的差距有扩大趋势。如今，如果数据被垄断，不但不能给人带来幸福，相反有可能成为欺凌数据穷人的利器。马云称：由于数据和自动化，贫富阶层——工人和老板——将会越来越固化，除非政府有更大的决心来做出“艰难的决策”。那些拥有数据、懂得收集利用数据的人将成为所谓的“精英”“霸主”，在某些领域呼风唤雨；而那些因为某种原因，如因地理位置偏僻、种族或宗教文化拒绝网络，处于限制大数据技术的国家或地区，家庭收入低下，文盲或科盲等，主动放弃数据所有权、利用权的人，将成为十分不幸的数据穷人。2017 年高考作文的“共享单车”“滴滴打车”“高铁”“移动支付”这些与大数据和新科技密切相关的词语，估计偏远山区或贫困地区的孩子并没有机会“共享”“滴滴”一下吧？数据鸿沟日益扩大，在一定程度上也加深了人们的心理不平衡和自我迷失。

（三）教与学观念方面对数据的过度依赖

大数据的发展，为教育方式、教育管理提供了一条新的路径，微资源学习、个性化学习、网络学习使得教育的形式更丰富多彩，一定程度上解放了教师，也提高了学生的学习积极性。但是，大数据的发展也使教育处于危机之中，大数据的自由解放，使学生容易产生数据依赖，出现作业直

[1] 邵璀菊，张克让，刘颖．技术负效应及其根源问题分析[J]．重庆工学院学报（社会科学版），2007（1）：103-105.

接上网查阅答案等行为，不但巩固了“唯分论”的地位，也使学生多了一分思想被歪曲的可能，实践和创造力得不到充分的发挥，沉迷于数据海洋当中，让需要在教育当中树立正确价值观的学生被暴露，基本价值观树立受到阻碍，从而更容易陷入自我迷失中。

大数据时代，让数据发声，量化一切，意味着以数据为评判标准，而数据崇拜的泛滥，体现在教育中便是对青少年情感个性的无情伤害。例如，学校为了提高升学率而在学期中淘汰差生，以考试分数作为评判他们的唯一标准。教育偏离了育人的初衷，忽视了青少年学习是一个德、智、体、美、劳全方位发展的过程。更糟糕的是，在这一过程中很少有人能够保持思辨和独立的想法，学习者自己也以同样的标准量化自己的学习成果，学习与教育远离了传承人类文明与探索未来的崇高使命，变成了功利化的日常行为。那么情感态度、价值观、逻辑推理等无法量化的、人类得以生存和延续的人文情感将在“数据上帝”的评判下日落西山。这又将加剧人们的困惑和迷失。

（四）自我方面满足方式的错位

欲望是世界上所有动物最原始的、最基本的一种本能。从人的角度讲是心理到身体的一种渴望、满足，它是一切动物存在必不可少的需求。一切动物最基本的欲望就是生存。在大数据时代，人们为了使欲望得到满足，乐于在数据世界展示自己、发布自己的信息，如在朋友圈发布自己的日常生活照片并希望获得点赞、“手机先吃”等现象是人们为了在大数据中寻找自身的存在感，这样的行为往往使人们渐渐走向自我迷失，忽视了对生活本质的体会。这种展示自我的行为意味着自己的生活被大数据所记录，被他人所了解，隐私无意地泄露，更容易使自己暴露于危险之中。大数据时代下人们的欲望通过大数据更容易得到满足，可潜藏的风险也更高，但基于人欲望的无穷性，这样的循环就使人逐渐走向了自我迷失。

（五）数据方面虚拟与现实的矛盾

在网络空间中，信息对象和信息环境都是虚拟的，作为信息主体的人也是以数字符号的形式存在的，如果你想通过网络获得数据信息，必须要先注册账号，再以账号的存在浏览于数据之间。就认识的形成来说，信息获得者的感性认知难以上升为理性认知。因为认知的基本范式为“认知主体—实践—认知客体”，而在大数据里，由于实物的数字化、符号化，信息获得者的虚拟实践已超越了借助具体实物媒介的现实实践，而所操作的虚拟化对象或客体又不如实物那样便于观察和操作，因而很难产生一种超越虚拟、真实的认知[1]。例如，在网上观看制作新菜式的视频，我们通过观看视频完成了虚拟的认知，但由于缺乏实践，我们很难对制作这一款新的菜式的过程及菜式味道等产生一种真实的认知。在大数据中，我们更多地停留于媒介的虚拟实践和认知上，缺乏现实实践的检验和反馈控制，理性认知很难形成。

在大数据中，人们自觉不自觉地成为具有双重或多重身份的人，人的主体性的主观意志极度膨胀。尽管大数据能够使人们获取的信息量、心理体验和自我发展得到更大的提升，但它毕竟不能取代现实中的实践。人们对物质、能量及情感等方面的需求仍然需要回到现实的物理世界才能得到最直接的满足。因此，人们不得不在虚拟与现实两个完全不同的世界中来回转换，而且随着数据量的不断丰富，转换的次数将会越来越频繁。由此造成数据主体与现实主体的内部矛盾与冲突，主体和认识思考能力混乱，从而使人进入虚实难辨的迷失状态。

[1] 张浩．论虚拟实践与虚拟认识[J]．延边大学学报（社会科学版），2011（1）：49-56.

三、大数据时代人的重新定位

自我焦虑被强化、主体能力和自我意识能力弱化、自我矛盾深化、自我价值观被异化，以及自我心理失衡的自我迷失的状态，将会对个人、虚拟网络和现实社会产生一定的影响。对处于自我迷失中的个人来说，犹如在迷雾中找不到前方的路径，失去目标，迷惘甚至想要放弃。虚拟网络也将成为处于自我迷失的人们满足自我欲望的宣泄地，使其管理难度加大。对社会与国家来说，大数据下的自我迷失，将会在现实生活得以体现，各种极端行为如电信诈骗、网络暴力、虚假信息的泛滥与传播等将会对社会产生极大的不良影响，严重影响社会风气，导致犯罪率上升。

认识到大数据下“自我迷失”对社会生活各个方面的影响，就要充分发挥人的主观能动性，在大数据中寻找自我坐标，进行自我定位，理性看待并合理使用大数据，使其更好地造福我们的生活。

（一）重视信息素养培养，在提升中寻求自我定位

大数据时代，在改革开放的环境中，我们更需要重塑正确的价值观以应对快速变化的社会。在数据洪流的冲击下，只有保持正确的价值观，才能站定脚跟，不被污流所淹没。我们还要把握好自己，并根据时代发展的需要不断调整自己的行为。

大数据时代对人的综合素养提出了越来越高的要求，数据素养、信息素养、阅读素养、新媒体素养……这些概念从不同侧面反映出新时代对人的素养的要求，信息素养就是其中一项重要的内容。

信息素养是信息时代人的生存技能，包括信息意识、信息知识、信息能力和信息道德 4 个方面。也就是说，一个具有信息素养的人，就是一个具有信息意识、信息知识、信息能力和信息道德的、能够较好地适应信息时代生存和发展的人。2015 年美国大学研究图书馆协会（The Association of College and Research Libraries，ACRL）在《高等教育信息素养框架》中给出了信息素养最新最权威的定义：信息素养是包含反映发现信息、理解信息和价值、使用信息创造新知识和参与社群学习的综合能力集合[1]。2015 年 ACRL 发布了《高等教育信息素养框架》，从中可以看出美国培养大学生信息素养的决心及其本身的重要性[2]。

培养人的信息素养，不仅要提高信息意识，学习信息科学知识，更重要的是提高人的信息能力，包括运用信息工具、获取信息、处理信息、生成信息、创造信息、发挥信息效益、进行信息协作和信息免疫的能力等。当人们面对众多数据时，需要懂得理性辨析，不做不良信息的推手；学会主动控制自我信息库库存，结合时代的要求与自身的需求学习和吸收新知识、新技术，不断更新、调整和完善自己的知识结构，促进综合能力的提高。

在信息素养当中包括一种虚拟能力。随着网络与数字化技术的发展及虚拟实践的崛起，数字化、符号化的虚拟世界越来越深刻地影响和改变着我们的生活。要适应数据化时代的生活，保持在数据中的主体地位，就不容忽视虚拟能力的存在。所谓虚拟能力，指人们所特有的一种超越现实性的主体能力。虚拟能力的生成与发展以主体意识为重要前提，以主体需要为内在驱动力，以实践活动为实现途径。数据时代的到来，打破了过去仅仅以语言文字作为虚拟中介的界限，将 0～1 数字化字符串作为中介进行

---

[1] Mackeytp，Jacobson，Tradi E. Reframing information literacy as a meta literacy[J]. College & research libraries，2011，72(1)：62-78.

[2] ACRL.Framework for information literacy for higher education[EB/OL]. http://www.ala.org /acrl /standards/ ilframework,2015-7-5.

虚拟，标志着人的虚拟能力跃上了一个新的台阶[1]。

另外，人的信息道德素养也是不容忽视的。必须高度重视信息道德教育。在网络空间中，道德相对主义盛行，无政府主义泛滥，道德冲突和失范现象严重，道德监督和评价困难，使传统伦理受到了巨大的冲击，旧有的道德约束力明显下降，从而使信息伦理教育显得更加重要。通过大力开展网络伦理教育，提高人的信息免疫力，使其具有崇高的道德意识和良好的道德涵养，能以正确的态度对待信息、计算机和网络，从而能处理好人与计算机和网络之间的关系、信息与注意力之间的关系、信息与知识和观念之间的关系，减少对信息的滥用和误用，降低不良信息的影响程度，成为合格的“信息人”。

（二）理性对待科学技术，冷思考中摸索自我定位

在大数据和人工智能时代，面对数据鸿沟、数据污染、数据暴力、侵犯隐私权、数据犯罪、数据遗产、数据崇拜、数据冰冷等新的社会问题，我们要保持理性的思维，必须高扬人的主体地位，在发展信息科技、智能科技、生命科技及人类增强技术的过程中始终以人为本。这其实是对科技与人文关系的反思与追问，当人类科技文明的衍生物正变得可以与人类自身较量时，科技伦理问题就日益严峻了。大数据和人工智能正在给人类伦理提出严峻的挑战。生命科学的日益精密化，恰恰把生命本身的完整性解构得愈来愈厉害，我们越过分门别类、林林总总的生命系统工程，似乎无法抵达生命最本真的自然状态。赤子之心和返璞归真，是后现代文明最匮乏的元素。所以我们必须要正确对待并处理好人与科技的关系，辩证地看待问题，寻求正确的自我定位。实际上，无论怎样先进的技术都有其自身难以逾越的局限性。因此，必须超越技术层面，把人文关怀注入包括计算机技术、网络技术、人工智能技术、基因工程技术在内的所有技术的发展

[1] 周甄武，余洁平．虚拟能力：一种不容忽视的主体能力[J]．江淮论坛，2005（4）：79-84.

之中，尤其要把科学精神和人文精神有机结合起来，自觉发展充满人文关怀的科学技术，同时自觉发展有科学精神的人类道德，使人类能够更好地适应大数据时代的生存和发展。

（三）正视大数据在教育中的作用，在改革中进行自我定位

在21世纪的中国，“唯分论”已经遭到越来越多的人质疑，那么我们的教育在大数据的环境下该如何寻找新的解决路径呢？如今，实践教育改革和大数据促进教育的改革渐露苗头。

实践教育是指为促进学生更好地接受学校教育和全面发展而开展的各项实践活动。如今很多中小学已联合一些教育机构开展了“中小学生夏令营”“城市一元生存挑战赛”“科学家动手创作大赛”等实践活动，得到了家长及社会的大力响应。

大数据促进教育改革的研究在国外已提上了研究日程。例如，普渡大学的“课程信号”系统、奥斯汀佩伊州立大学的“学位罗盘”系统、佛罗里达州立大学的“eAdvisor”程序的应用，已达到提升教育质量的目的[1]。中国的微课、慕课、互联网+教育等研究也在马不停蹄地进行着。教育长期发展遗留的问题，使人们容易迷失于大数据中，可如果我们能够全方位地看待大数据，使教与学能够借助实践和大数据得到一个全新的发展，人们将能在此教育下，在全新的道路上更好地寻求自我定位。

（四）加强自我认知能力，在提升中确定自我定位

在大数据的浪潮中，自我认知能力显得尤为重要，否则便如同单脚人行走于社会中，很容易被推倒。在大数据的虚拟环境中，处于自我迷失状态下的人可以建立主体困境调适机制，通过分析自身所处的社会背景和反

---

[1] 李施，李艳华，赵慧琼．教育大数据挖掘技术与应用案例分析[J]．中国教育网络，2017（5）：60-62.

省自身的情况，接受朋友长辈的意见，回应他人对自己的评价等，借助认识自我的方法与工具，找到自身的根与航标。在此基础上，将困于他人态度中的自己解脱出来，肯定自己，接受自己，从而能够认同自己的存在状态，发现自己的长处，认识自己的目标，树立自己的理想，逐步促进自身多方面的发展，寻找自我定位。只有这样，我们才不会轻易地被数据左右，才能认识最真实的自己，找到虚拟自我与现实自我的平衡。

（五）促进虚拟与现实的统一，在整合中进行自我定位

虚拟与现实是相对应的一对范畴，现实是虚拟的基础，虚拟是现实的超越与升华，两者对立统一。在大数据时代，人们穿行于虚拟与现实两个世界，扮演着不同的角色，长此以往必将造成严重的人格分裂。因此，我们必将促进虚拟与现实的统一，在整合中对自我进行定位。

首先，厘清界限，虚实相生。数据世界不能替代现实世界，我们不能在大数据中迷失，否则将会弱化主体在现实世界中的生存能力。承认虚拟与现实的界限，是我们找到自我定位的基础。明确了虚拟与现实之间的界限，我们就应该对大数据有一个准确清晰的定位，大数据是一件我们用来更好地认识世界和改造世界的工具，实践作用于现实物理世界当中。应厘清两者的界限，并在两者之间保持必要的张力，促进两者更好的互动，虚实相生，找到自身的定位并促进其向多方面发展。

其次，扬长避短，实现超越。在大数据时代，发展与危机同在。我们应当挖掘大数据的价值，认识其弊端，以促进自我的完善与超越。鉴于网络身份的符号化和隐匿性，人的自律性、他律性都有可能陷于失效。作为其中的参与者，我们要承担起数据世界赋予我们的责任与义务，遵守规则，加强修养，在实现自我定位的同时实现自我超越。

第八章

权利：大数据催生的新规则

伴随移动互联网、物联网、云计算、智能终端等新一代信息技术的迅猛发展、全面集成和快速普及，数据呈现出指数级的爆发式增长态势并被广泛应用于各行业、各领域中，人类社会正在经历由大数据引发的一场革命，并由此快速迎来了大数据时代。这个时代，拥有数据的规模、活性，以及收集、运用数据的能力，将决定企业和政府的核心竞争力[1]。人类社会的政治、经济、思维、文化等固有“态势”被重刷，确立了新的发展方向：“数据强国”的建设方针被提出；“数字经济”的发展蓝图被规划；“量化一切”的数据思维被确立……数据就如同德谟克利特构思出来的作为万物根基的“原子”，其影响力已经深入到人类社会生活的方方面面，其价值已然等同于甚至超越了土地、石油和黄金等资源。尤其是大数据环境下的个人数据，应用前景十分广阔，具有极大的经济和社会效益，但也正因为其应用范围广、层级多、潜在价值高、应用过程中参与主体多，也衍生出许多新的风险，特别是对个人数据权的侵犯问题。如果说在互联网时代个人信息权受到了威胁，那么在大数据时代这种威胁将会进一步加深。这是一个必须认真面对和深入研究的重要问题。

[1] 赵国栋．大数据时代的历史机遇[EB/OL]．http://blog.sina.com.Cn/S/blog_537e497a0101a2r3.html，2013-4-19.

一、大数据时代个人数据权被侵犯问题的产生

（一）个人数据权的含义和内容

有学者提出，大数据存在三大悖论，其中之一就是权利悖论[1]：大数据是改造社会的重要力量，然而其力量的实现是以个人权利的牺牲为代价的。可见，大数据时代的高速发展，在一定程度上逐渐瓦解了个人应有的权利。我们已然步入的这个新生态系统尚处丛林规则时代，如今我们感受到的是规则缺失之下的无序和无奈[2]。而为了保护被赋予"本体"地位的数据，给人们创建一个和谐有序的数字化生活环境，急需审慎构建个人本应享有的数据权利。大数据专家维克多•迈尔-舍恩伯格指出：在大数据时代，对原有规范的修修补补已满足不了需要，也不足以抑制大数据带来的风险，我们需要全新的制度规范，而不是修改原有规范的适用范围[3]。为此，在"应当如此"的思维逻辑范式下，数据主体提出了体现自我数据保护诉求的应然权利，即个人数据权。这种权利是理念存在与现实存在相一致的理想状态，是大数据时代发展中，人们对自我需求满足的构想，是数据主体对自我数据保护的需求。

对个人数据权划定之前要先明确个人数据的界定。1995 年，欧盟颁布

[1] Richards N M, King J, Jonathan H. Three Paradoxes of Big Data[M/OL]. http:/ /ssrn.com/abstract=2325537, 2013-9-3.

[2] 肖冬梅，文禹衡．数据权谱系论纲[J]．湘潭大学学报（哲学社会科学版），2015（6）：69-75.

[3] [英]维克多•迈尔-舍恩伯格，肯尼思•库克耶．大数据时代[M]．盛杨燕，周涛，译．杭州：浙江人民出版社，2013：219.

的《个人数据保护指令》将个人数据定义为：可识别一个在世的个体相关的所有数据[1]。世界经济论坛将其定义为：由个人创造或与个人直接相关的数据，包括个人自愿提供的数据（由个人创造且自愿分享的数据）、个人行为中可观测到的数据和通过个人所提供和观测到的数据推断出的数据[2]。结合个人数据的定义，大数据时代的个人数据权主要指：个体对自我数据（能识别相关主体的数据）进行管理和控制，并排除他人侵犯的权利。在我国《民法通则》《网络安全法》等法律体系中，个人数据权被赋予了禁止非法收集、出售等内容的财产权和含有隐私权、名誉权等方面的人格权双重属性。就其属性而言，个人应享有的数据权利可包含如下几个方面。

第一，数据的私有权。数据虽为当代社会发展的重要资源，具有无限的利用价值，但个人产生的数据具有一定的私密性，出于对个人隐私权保护的目的，要尊重与保护个人私密信息的私有权。

第二，数据的许可权。如同对外借物品的二次处置要经过物品原主人的许可一样，数据资源的收集、存储、开放、“二次使用”、遗忘或删除也要经过数据主体的同意，这是对数据主体的尊重，也是避免个人权利被滥用的有效防范方式。

第三，数据的收益权。被称为“网络文化”发言人和观察者的凯文·凯利曾提到过：任何可以被共享的事物——思想、情感、金钱、健康、时间，都将在适当的条件和适当的回报下被共享[3]。因此，无论企业还是政府，在从数据中获取经济利益或社会效益时，都应给予数据主体一定的回馈，以确保和提高数据生产者开放自我数据的积极性。同时，在大数据时代，

[1] AEI. Working Party on the Protection of Individuals with regard to the Processing of Personal Data[EB/OL]. http://aei.pitt.edu/42293/,1997-6-14.

[2] World Economic Forum. Personal Data:The Emergence of a New Asset Class[EB/OL]. https://www.weforum.org/reports/personal-data-emergence-new-asset-class, 2011-2-17.

[3] ［美］凯文·凯利. 必然[M]. 周峰，董理，译. 北京：电子工业出版社，2016：182.

数据持有人倾向于从被提取的数据价位中抽取一定比例作为报酬，而不是敲定一个固定的数额[1]。

第四，数据的审计权。给出的数据起了什么作用？数据的使用是否符合标准？数据生产者是否切实从数据生产出的利益中获利？主观要求的销毁数据是否落实……所有这些，都涉及数据的审计权。实际上，主体对自我权利的审查是保证权利安全的重要依据。

（二）个人数据权被侵犯问题的产生

无论是政府还是商业机构，在推动数据开放并利用开放的数据来提供服务的前提是搜集、储存、分析和使用大量的公民个人信息，在此过程中必将直接或间接、有意或无意地涉及个人信息[2]。目前，在网络空间留下很多原始数据的用户，实际上很少拥有对这些自己产生的并已为企业经营而用的数据资产的相关权利。相反，企业往往通过网站发布权利声明，或清晰或模糊地保护其数据权利[3]。可见，个人数据权中的个人在现实中似乎被数据使用者所取代，数据使用者似乎成为数据权利的实际享有者、操控者。

首先，数据收集“敲碎”个人数据权保护膜。当下，社会各组织不仅通过公共数据、日志文件等方式，“无声无息”地获取个人数据资源，甚至以不法买卖、技术破解和通过数据技术的相关性等方式“挖掘”个人信息，而以上种种获取信息的方式多未经数据主体的知情与许可。数据主体所重视的私密数据可被透视，个人所认为的理所应当的数据私有、保密等权利被侵扰。

---

[1]［英］维克多・迈尔-舍恩伯格，肯尼思・库克耶．大数据时代[M]．盛杨燕，周涛，译．杭州：浙江人民出版社，2013：154.

[2] 张毅菁．数据开放环境下个人数据权保护的研究[J]．情报杂志，2016（6）：35-39.

[3] 李正风，丛杭青，王前．工程伦理[M]．北京：清华大学出版社，2016：263.

其次，数据使用“破除”个人数据权防护罩。在大数据时代，企业的发展多以数据为支撑。然而，多数企业在未经数据主体“告知与许可”的情况下，分析、利用他人数据，甚至私自“处理”他人数据。种种行为体现了企业将个人数据据为己有、为己所用的私人占有心态，而这一心理的形成，则使个人数据私有权、许可权、收益权被“架空”，个人应享有的数据权利进一步被侵犯。

最后，数据技术及其相关技术的发展去除了个人数据权防护网。数据挖掘、存储技术的发展，使个人数据遗忘能力丧失，个人应享有的数据删除权和遗忘权受到阻碍。如个人在微信中的聊天记录，无论信息多庞大，时间多久远，所有被“自行删除”的信息，实则完好无损地被保留在他人手中。数据主体对自我数据享有的删除权、遗忘权终究是“自以为”的，难以获取实权。

总之，大数据时代的数据自产生的那一刻起，其被收集、使用、删除等的一系列权利，都脱离了主体。个人面临着享有的数据权利被严重侵犯的问题，急需探寻原因，制定相关治理对策。

二、个人数据权被侵犯的原因

（一）数据权属模糊

数据权属主要指的是数据收集、使用、分享、删除等权利的归属。数据权属的明确界定不仅有利于提高企业和政府获取数据资源的便捷性，还是保障个人数据权利不受侵扰的重要因素。但是，数据的冗杂与错乱，以及个人数据信息非独占性的特征，使得当下数据权属的明晰之路困难重重。例如，原生数据有存储、使用、共享和删除等多种状态，而每种状态下都有相应的所有者、管理者、控制者，可谓都是相应数据权利的拥有者，若将数据所有者划定为数据权利拥有者时，数据主体的权益将被侵犯，但只顾及数据主体而忽略数据拥有者权利所属时，将危及数据安全，这一矛盾将导致数据权属的界定难上加难。又如，原生数据在加工处理后产出的再生数据，其相关权利归属的界定也难以明晰。若将再生数据的相关权利归为数据制造商，那么与之有关的原始数据主体的权益又该如何界定呢？如若懈怠原始数据主体的权益，是否会产生数据“闭关”等问题，导致新的“数据孤岛”，阻碍数据的收集和再生？大数据时代市场交易的公平原则被忽视，数据权的归属模糊难定。由于数据权属的模糊现状，使得个人数据权利失去效力，时刻面临被侵犯的隐患。

（二）法律规则滞后

相比道德、契约的效力，法律更具公平性、正义性和强制性，而且在半虚拟化和多元化的信息社会，法律的作用力更加凸显。道格拉斯 • C. 诺斯说过：“制度是一个社会的游戏规则，它们是为决定人们的相互关系而人为设定的一些制约。”[1]也就是说，对个人利益的维护、权利的保护要依靠法律发挥强有力的效力。然而，法律固有的滞后性在一定程度上加剧了社会问题的恶化。在大数据时代，个人透明化生存，隐私权利被侵犯、数据权利被忽视、人身安全被威胁等一系列问题，亟待法律进行规范与保护。然而，法律的滞后性，不仅使个人的人身安全难以在大数据时代得到有效保护，而且还导致对不法行为监管的空缺，即对侵犯个人数据权利的行为缺乏管理效力，进而加剧不法分子侵犯他人数据权的行为。法律规则是维护个人数据权效力的重要因素，而其滞后性的缺陷，使得个人难以保全自

[1]［美］道格拉斯 • C. 诺斯．制度、制度变迁与经济绩效[M]．刘守英，译．上海：上海三联书店，1994:3.

我数据权利，使个人数据被迫处于“任人宰割”的境地。

（三）道德约束减弱

道德主要指在传统文化和现实社会影响下，用来调整一定社会人与人和人与社会之间行为规范的总和，是人们心中的法律，对人具有“克己”的行为规范，让个体在独处时也能保持高度的道德自觉，约束自我行为。然而，当下实用主义、功利主义、拜金主义等“价值观”的出现，加重了人处事的“利益观”，弱化了个人良知，阻碍着道德约束的效力。道德对人约束力的减弱，也将难以对权利发挥很好的约束作用。道德之所以不能对权利发挥约束作用，不是道德约束功能的丧失，而是在大数据时代下数据使用者道德原则的丧失所致。而且，昔日的道德观念不能很好地结合大数据时代发展的特色，在虚拟化、多样化、多变化的大数据时代具有一定的滞后性，难以适应数据权保护的需要。于是，不受道德约束的社会群体，亦不再受自我心灵的管束，将“心安理得”地侵犯他人的数据权。

（四）经济利益驱使

马克思曾一针见血地指出：人们奋斗所争取的一切，都同他们的利益有关[1]。经济利益是社会组织侵犯个人数据权利的主要诱因。毫不夸张地说，零售业的竞争一定程度上已经成为一种基于数据的竞争，数据就是企业的财富和金矿[2]。大数据时代，在经济利益的诱惑下，企业不断收集、垄断未被明确划定归属权的数据资源，为自我发展提供“养料”。例如，大数据相关厂商在未经“告知与许可”的情况下，收集数据主体在社会活动中留下的数据，并用来向数据主体推送广告，为己谋利；搜索网站借助他人信息完善自我网站搜索功能，提高其经济价值，但却对他人发“禁止

[1] 中共中央编译局．马克思恩格斯全集：第1卷[M]．北京：人民出版社，1956：82.

[2] 涂子沛．大数据[M]．桂林：广西师范大学出版社，2012：307.

令”，禁止他人随意侵占其信息；美团和大众点评等软件以掌握的他人数据为交易的“筹码”，变相地销售私人的数据资源……种种事例表明：大数据利益相关者在经济利益的“诱惑”下，对自己应承担的责任有所“遗忘”，而且希望获取和利用更多的数据，最终导致个人数据权被侵犯。

三、个人数据权被侵犯带来的问题

（一）自由意志的束缚

个人数据权被侵犯，不单是个人财产权和人格权受侵犯，更是个人自由意志受束缚。如同我们在认识事物时难以实现对“物自体”的认知自由，我们的灵魂难以脱离身体的束缚“自由”发展一般，人的自由意志终究要受到客观环境、身体状态、思维认知的约束。个人数据权被侵犯后，个人隐私被透视、人身安全被威胁、自由权利被剥夺等，一定程度上加重人被束缚的枷锁，从而使人进一步迈入不自由的深渊。

首先，个人隐私被透视。医疗技术、智能服务技术、监控技术等新一代信息技术的发展，实现了对个人身心数据近乎全面的掌控。与此同时，个人数据权被侵犯，使数据主体对自我隐私的保护处于被动地位，对个人隐私的透明化束手无策。由此，个人进入自我数据“裸奔”的高危时代。

其次，人身安全被威胁。大数据时代下，自我隐私“透明”地留存在社会中，这意味着个人的安危将遭受不明“势力”的潜在威胁。一方面，我们会遭受网络生活中被造谣、被窥视、被骚扰的侵犯；另一方面，我们还将面临现实生活中私有财产被侵犯、生命安全遭袭击的危险，“数据吃人”现象愈演愈烈。2017 年 1 月，一家数据调查机构发布的报告显示：2016 年受理的网友举报诈骗信息有 152 万条，经由人工核定，有 45.6 万个恶意网址被列入黑名单[1]。

最后，自由权利被剥夺。自由—束缚—自由—束缚，数据工具化的发展模式似乎要陷入此种悖论的轮回中。大数据时代，人类努力地集中力量收集数据，认真地分析与研究数据，不懈地研发核心技术，不停地挖掘数据潜在的价值，以求在数据资源的助力中觅得通向自由的新路径。然而，由于个人数据权被侵犯，导致数据主体对自我数据管理的失控，造成个人自由“导演”数据的终结、自由人身活动的终结、自由言论权利的终结等一系列问题，迫使个人深受数据威胁与束缚。

（二）常态社会的破解

在经济发展的影响下，人类分工逐渐明确，社会规则逐渐成形，人类社会向着应有的“常态”前进。而在大数据时代，技术的发展、权利的流失、人之独特性的泯灭等一系列问题，打破固有的态势，带来新问题。

首先，人之独特性被泯灭。在大数据时代，数据技术的作用虽有助于个人的发展，然而隐私“裸奔”、个人数据权被侵犯使个体的发展面临一定的困境，人之为人的独特性逐渐迷失。一则，去人性地被量化。“在量化一切”的大数据思维观念下，人成了数字公民，对个人的了解、认识皆因数据而生。且个人数据权的流失，使被量化的个人成为供数据分析、数据化生产和发展“原始材料”的来源。二则，去个性地被预测。大数据预测技术可为我们构建一个可预知与预先设计好的未来世界，但这一行为使个体一举一动都被记录，一言一行都被设计，个人的个性化发展、独特性成长被限制在相对狭小的空间中。人之为人的感性、能动性、自主性等“本色”逐渐被淡弱。

---

[1] 安全联盟. 2016 年度网络诈骗数据报告[R]. 2017.

其次，公平原则被打破。公平正义不仅是社会稳定有序的基础，更是社会主义所强调的核心价值，是制定各项社会主义制度和经济社会政策的首要原则[1]。然而，在大数据时代，存在数据主体与数据生产商利益分配不公问题，即当前数据产出的利益多被相关数据生产商所获取，而数据主体即数据资源的最大供给者却得之甚少或不得分文。因此，对个人利益的冲击，导致公平原则面临挑战。

（三）沦为“常人”的困惑

为使自己不是“异类”，不被“另眼相待”，我们似乎不断地向着“常人”的方向行走，直至成为真正的迎合大众、无异于人的“常人”。然而，在沦落为“常人”后，意识的能动性则驱动我们产生新的疑问。例如，大数据时代，我们都成了千篇一律的数字个体，但这个过程似乎忽略了人之为人的本性，即人是有思想、有意识、会思考、能自省的个体。当人们对自我数据权利被侵犯的生活产生思考时，难免会对自我生活产生一丝悲观和失望。

首先，对自我能力的怀疑。在大数据时代，当个体发觉本应属于自我的数据却无力自主管理，本应属于自我的权利却由不得自行做主，本应给予自我保护力量的时代却不断给自我带来伤害时，将产生一种强烈的无力感与无助感。而造成这种无力感、无助感的重要因素是数据主体对自我数据保护的无能。由此，数据主体易于以“懦弱”“无用”“妥协”和“被动”等悲观心理生存于大数据时代。

其次，对自我价值的否定。自智者学派代表人物普罗泰戈拉提出“人是万物的尺度”这一命题以来，神、人、物的关系颠倒过来，使人成为衡量存在的标准，启发人们重视自身的价值[2]。自此，人们开始了自我价值的追寻。在社会实践过程中，在向死而生的人生旅途中，坚持生存下来的

[1] 徐大建．西方公平正义思想的演变及启示[J]．上海财经大学学报，2012（3）：3-10，34.

[2] 张志伟．西方哲学史[M]．北京：中国人民大学出版社，2010：51.

重要因素就是发挥自己的人生价值，彰显自我存在的意义。然而，大数据时代数据主体面临自我数据权难以自保、人身安全难以自防等问题，个人能力的价值逐渐被自身存有的数据取代，未来生活的规划也被数据预先设计……人的价值逐渐被稀释。由此，将导致个人对自我价值的否认，否认自我对自己应有的价值、自我对他人能有的价值、自我在数据时代能够带来的价值，甚至解构所谓的价值，以无价值的状态生存于大数据时代。

最后，对自我存在的疑惑。人对自我存在的疑问是对自我生存意义之所在的探寻。大数据时代，个人数据权利被侵犯造成自我权利丧失、生存焦虑和危机增加、消极和悲观情绪不断地滋生等一系列问题，使“无能为力”的个体对自我存在的意义产生疑问：大数据时代的兴起与我何干？数据产业的发展、数据技术的研发与我何用？我存在的价值为何、意义为何……种种无奈发问，让我们不由感叹：大数据时代飞速发展下的个人意义究竟表现在哪里？

（四）关系认知的转变

人通过社会现实和社会实践来认识和了解世界、评估世界。在大数据时代，个人数据权被侵犯会给数据主体的心理带来一系列危害，面对高危险的数据，数据主体对人与人、人与社会、人与技术关系的心理感知也在不断地变更。

首先，人与人关系认知的转变。人是感性的动物，自古以来人与人之间总有一丝温存存在。然而，当下的大数据时代，个体权利被架空、人身自由被束缚、个人安全被侵害，让人不禁感叹：在大数据时代，数据资产化发展中，人与人之间何种相处模式最佳？人与人是否已没有了原始的那份温情？是否只有金钱才能被视为亲人？我们与他人之间的距离是否应该远一点、再远一点，以免伤到自己？

其次，人与社会关联的变更。我们本应与社会同为一体，因为个人不能离开集体生存，社会的发展也需要个人的拼搏与奋斗。因而，当数据主体以“友好”拥抱社会时，社会也应给予个人温暖友爱的怀抱。可为何大数据时代，在找到数据这一宝贵资源后，在拥有高超的、可以取代部分人力劳动的智能技术后，社会群体遭受到的却是伤害。个人需求与社会发展是否已经相背离，个人又是否应远离自己创造出的高能、智慧但却高风险、多伤害的社会？

最后，人对技术认知的转变。技术本应作为时代发展的一项工具，如同原始社会的火、农业社会的犁和牲畜、近现代社会的机器一般为人类的幸福生活做贡献。然而，如今它却在不断地奴役人，使人们当下的生存受困于当今技术。例如，我们不敢随意消费，因为怕数据收集技术随意获取我们的信息，造成对自我的危害；我们不敢随意行动，因为电子监控技术随时暴露我们的行为，让我们羞于人前；我们不敢轻易失态，因为数据挖掘、分析和预测技术能说出我们曾有、现有和将有的不良倾向，让我们本应光明的未来生活在不齿的过去里……总而言之，这个时代我们对技术产生了诸多无奈。我们急需重新审视技术这一工具，找寻最初的美好。

四、个人数据权的回归与保护

（一）借助法律力量，划定数据实权

法律是规范社会秩序强有力的手段，而大数据时代，由于法律制度的滞后与不完善，个人数据权处于被侵犯、被滥用、无效力的困境中。虽然已有多个国家立法保护个人数据权，例如，最早在英国被提起的数据权，其被视为信息社会公民的一项基本权利，使政府所拥有的数据集能被公众

申请和适用[1]；1992年匈牙利制定了《个人数据保护和公共利益数据的公共获取法案》[2]；我国于2009年通过了《刑法修正案（七）》，对个人数据的财产属性给予保护措施，但不具备保护个人数据权的完备性，且与我国数据主体对个人数据权归置、管理的需求有出入。对此，需在深入学习和借鉴各国出台的相关法律的基础上，结合我国具体国情和时代特色，建立以公平正义为主导的法律条例，以有效保护个人数据权。罗尔斯在《正义论》中指出："正义是社会制度的首要价值。"[3]因此，个人数据权保护过程中，保证法律规章制度的公平性、公正性具有重要意义，即法律制度既要保证个人享有的数据权利的安全有效，也要保证社会发展所需要的权利，保持二者利益间的平衡是法律规章的主要目标。同时，在法律规章制定时要重视以下几个方面。

第一，明确划定数据权利和数据权属。法律的管制容不得模棱两可概念的存在，为此要划定明确的数据权利和归属。首先，对数据权利的划定，一方面可参考"应当如此"思维逻辑范式下对数据权利的划分，尽量缩小法定权利与应然权利间的落差，以回应人民群众的呼声；另一方面参考法学界主流学者已发表的相关言论，提高法律制定的科学性。其次，对数据权属的划界，要清晰、可行，即要实现数据在不同状态下有不同的所有者，实现数据权利与数据权属一一对应，达到有条不紊、切实可行。

第二，切实规定数据责任承担者。要利用法律这一武器来明确数据负责人员的界定，对数据主体和数据所有者应承担的主要责任做出明确规定，以实现数据处于谁拥有谁管理、谁使用谁负责的安定状态。

第三，及时更新和修订法律。在大数据时代，数据资源更新的时间短、

---

[1] HM Government.The Coalition:Our Programme for Government[EB/OL]. http://www.doc88.com/p-8611606019750.html, 2013-5-14.

[2] Hungary's Act LXIII of 1922 on the Protection of Person Data and Public Access to Data of Public Interest[EB/OL]. http://abiweb.obh.hu/dpc/index.php?Menu=GyOkEr/relevant/national/1922LXIII, 2013-10-20.

[3]［美］约翰·罗尔斯．正义论[M]．何怀宏，译．北京：中国社会科学出版社，1988：47.

速度快，技术的研发速度也不可低估，二者作用下世界的发展可谓日新月异，因此产生的新问题也将层出不穷。对此，要加大力度完善原有相关法律和制定新法律，尽可能地保证法律的有效性和威力。

第四，提高对法律规章的执行力。快速高效的执行是制度价值目标实现的重要因素。个人数据权及其归属的法律制度出台后，政府、企业和个人等社会主体要严格按照法律规章要求行事，尤其是大数据时代的数字公民，要学会利用法律武器来保护自我数据安全。

（二）提升监管效力，实现实权落实

所谓监管，就是“监督管理”，是政策实施的重要检测剂。个人数据权利被侵犯问题的出现，除法律滞后性这一因素外，监管的不到位、不细致和失效也是一个重要的影响因素。监管是对个体合法、有序性参与社会活动的外在约束力，是法律得以发挥效力的重要因素。因此，为保护个人数据权的安全，我们需要监管来辅助法律的运行。

第一，创新监管方式。新兴的大数据时代，传统的监管模式已逐渐失效，新兴的监管模式在新思维和新技术下不断被研发。如“首席数字官”“首席信息官”“首席分析官”的出现是数据监管的新职位，而此职位的出现可以为数据监管确立明确的监管负责人，实现真正意义的监管。欧盟专门设置了数据保护监督专员（European Data Protection Supervisor）[1]，受此启发，我国也要不断创新监管方式，提高监管的实效性。

第二，适应监管对象的转变。信息时代之前，政府监管对象以自然实体为主，而如今不仅要监管自然实体，还要监督与管理数据资源在虚拟社会的流动与运用，以及个人数据权的实际出境。监管主体要不断提高自身素养和监管能力，以适应监管对象的变化。

[1] European Union. European Data Protection Supervisor［EB /OL］. http://Europa. eu/about-eu/institutions-bodies/edps/indexen.htm, 2015-7-21.

第三，加强政府的监管力度。政府监管是个人数据权有效落实的推动力，而监管力度的强弱则是个人数据权是否被有效落实的重要依据。为此，监管人员在数据管理中要持有坚定的信念和强硬的态度，不给任何组织侵犯个人数据权的可乘之机。

第四，保持长久监管的耐力。大数据时代将是一个具有较长生命力的时代，因而个人数据权的监管将是一个漫长且繁杂的过程。在这一过程中，对个人数据权的保护要以“常存”的视角看待，提高自我对个人数据权实施效果监管的耐力，进而有效提高监管的实效。

（三）切入伦理视角，提高公民自律

大数据时代要求实现数据资源的流动、开放和共享，我们由此进入了个人数据私权向公权转让的阶段，但同时个人数据权也处于被侵犯的困境，带来权利被剥夺、隐私被泄露、自由被限制等一系列问题。这一时代，不仅我们外部的生态环境出现了危机，我们内在的道德情操也在逐渐迷失和沦丧。在鉴定新技术提出的伦理问题后，我们一般不能依靠现有的规则或新制定的规则，用演绎方法，自上而下地加以解决；反之，需要自下而上地分析这些伦理问题，考虑其特点，对相关利益攸关者的价值给予权衡，以找到解决办法的选项[1]。对此，根据大数据时代数据主体半虚拟化的生存状态和伦理问题产生的根源，我们需要引入伦理道德治理。著名美国学者 K．Davis 与 D．Patterson 在其《大数据伦理学》中就提出，大数据是一种新的技术创新，但任何技术创新在给我们带来巨大机遇的同时，也会带来巨大的挑战，因此我们需要对大数据技术进行必要的伦理规则限制，以找到创新与风险之间的平衡点[2]。这就要求在大数据时代，个人在利用他人数据时要坚守伦理道德底线，提高自我约束力，即使在独处时也能把

[1] 邱仁宗，黄雯，翟晓梅．大数据技术的伦理问题[J]．科学与社会，2014（1）：36-48.

[2] Davis K, Patterson D. Ethics of Big Data[M].O’Reilly Media,Inc,2012:48.

控自己，让自己的行为符合伦理道德规范，不触犯他人数据权利，自觉享用自己应有的权利。

第一，树立责任意识。权利与义务是相辅相成的，对于个人数据权的保护，将使每个人从中受益，但同时，每个人也要为此承担一份责任，履行自己应尽的义务。因此，大数据时代的公民要自觉承担起自我数据保护的责任，同时也要自觉承担起监督他人合法获取和适用数据的责任。在此过程中数据资源的获益者也应自觉承担起个人数据权保护的主要责任，在法律的要求下尊重个人数据权，为个人数据权的安全增添一分力量。

第二，培育伦理能力。当人们沉浸于“人人都是上帝”的喜悦时，并没有想到人类正步入“失家园”的尴尬境地。失去“伦”的守护，无论“丛林镜像”如何炫目，世界都因过度“原子化”而不免步入分崩离析的危机，人的“伦理能力”也由此步入涣散的境遇[1]。因而，培育人的伦理能力、伦理意识，加强人的道德修养、道德约束，有利于实现“自下而上”式的主动性、自主性的数据权利保护。

第三，实现全民参与。在大数据时代，社会个体居于数据之中而成为其自身，每个个体都是数据的“贡献者”，也是其“受益者”。由此，维护个人数据权的安全和有效是每个数据主体的必要责任。

（四）把握治理力度，保持必要张力

大数据时代的发展过程中，个人数据权的保护和社会治理均面临着种种难以“逃脱”的矛盾。例如，数据主体保护数据与享受数据效益的矛盾：个人数据的流动共享是享受智能服务、提高生活质量和效率的前提，但是这种收益与个人保护自我数据安全和隐秘的意愿是难以抉择的矛盾体。社会治理在服务个人和集体中面临矛盾：为保护集体中个人的数据权益，社

[1] 卞桂平．略论“伦理能力”：意涵、问题与培育[J]．河南师范大学学报（哲学社会科学版），2016（1）：109-114.

会治理需要加强权利管理，保证个人数据权的威力。然而，为维护社会集体的利益，社会治理需要给予社会组织一定的空间，让其能获取一定的数据，但个人数据权的保护和社会数据利用与发展之间是对立的。社会治理力度的强弱存在矛盾：社会治理力度过强，将阻碍数据市场的活力和大数据时代的发展进度与效力；社会治理力度过弱，个人数据权将处于孤军奋战的状态，极易被滥用、被侵犯。要避免社会失控和社会过控，就必须把握控制的力度，掌握适度原则[1]。因此，当前问题的关键就在于如何把握控制力度，使得既能保护个人数据权，又能满足社会需求。同时，可通过以下多种方式把握治理力度。

第一，缩短社会治理的更新周期。在大数据时代，个人数据资源的更新速度极快，在数据作用下社会的发展情景也会随时发生巨大变化。为保持社会治理的生命力，社会治理无论是在法律层面还是伦理方面，都要保持一定的敏锐性，及时结合社会情况更新治理措施，保证治理的及时有效性。

第二，善于听取多种“声音”。习近平总书记在 2016 年 4 月 19 日的网络安全和信息化工作座谈会上强调：“知屋漏者在宇下，知政失者在草野”，网络就是草野，网民就是草根。因此，社会治理既要听取数据收集、利用者的观点、看法，也要听取数据主体的心声。通过听取多方的声音，实现协同共治。

[1] 刁生富．在虚拟与现实之间——论网络空间社会问题的道德控制[J]．自然辩证讯，2001（6）：1-7.

第九章

隐私：在透明化中“裸奔”

随着新一代信息技术的迅猛发展，尤其是大数据技术的广泛应用和数据可视化程度的不断提高，人类社会进入透明化时代。在这个时代,计算机内的每一个数据都构成了一个人隐私的血肉。信息加总和数据整合，对隐私的穿透力不仅仅是“1+1=2”的，很多时候，是大于 2 的[1]。个人隐私被透视，隐私权亦受到愈来愈严重的侵犯，导致自由权利被限制、安定之需被侵扰、情感态度被冲击、价值观念被扭曲。透明化时代的隐私权保护，已成为一个需要高度重视和认真研究的问题。

[1] 涂子沛．大数据[M]．桂林：广西师范大学出版社，2012：162.

一、透明化时代的来临与隐私和隐私权的新含义

（一）透明化时代来临

透明化时代是互联网、大数据、云计算等新一代信息技术及相关技术造就的“透明”时代，也是数据、技术与政治、经济等多重力量相互作用、合力推进的新时代。恩格斯在论述社会发展动力因素时，曾提出“历史合力论”，即“最终的结果总是从许多单个的意志的相互冲突中产生出来，而其中的每一个意志，又是许多特殊的生活条件，才能成为它所成为的那样。这样就有无数互相交错的力量，有无数个力的平行四边形，由此产生出一个合力，即历史结果”。[1]可见，社会历史发展的功能性因素是多元的、“多因素的”，而非孟德斯鸠、洛克等人观念中的“单因素论”。透明化时代的来临亦是如此，它的产生是经济高效化、政治民主化、思想开放化和科技数字化与智慧化等诸多因素综合作用的结果。它不仅受历史主体合力的推动，即现实社会中人的不同思维、不同意志和不同力量的相互作用；也受历史客体合力的影响，即当下政治、经济、思想、文化和技术等力量的相互作用；还受历史主客体合力作用的重要影响，即在现实生活中的人对自我数据开放的主观意愿和客观因素中经济、技术等力量驱使下对数据进一步的挖掘与“透视”等因素的影响，个人数据由最初的“遮蔽”状态逐渐被“解蔽”走向“无蔽”，人由此变成了“透明人”，透明化时代由此产生。可以说，透明化时代的产生主要是以下几个方面“合力”作用的结果。

---

[1] 中共中央编译局. 马克思恩格斯文集：第10卷[M]. 北京：人民出版社，2009：592.

第一，数据汇集。日益增加的、流动的海量数据为透明化时代的到来奠定了重要的数据前提，积累了丰富的“原始素材”，是透明化时代产生的重要基础。

第二，技术支撑。由于数据技术、互联网、智能穿戴、医疗与监控等信息技术的发展和广泛应用，社会各领域数据的可视化程度越来越高，数据的可视化直接促进透明化发展，技术的发展是透明化时代形成的重要支撑。

第三，群众创造。人民群众是历史的创造者，创造了物质文明、精神文明，也是时代变革的决定力量。人民群众不仅创造了数据、创造了技术、更创造了时代，人民群众是透明化时代到来的根本力量。

第四，政府推动。政府是社会管理者，建立信息公开、数据共享、阳光型、服务型政府是社会发展的趋势，也是时代要求的潮流。政府大力推进信息的高效互联是透明化时代产生的重要推动力。

第五，市场拉动。信息与社会经济生活的联系日益密切，逐渐演化成甚至比商品更重要的东西，是“各行各业中最有价值的商品”[1]。市场经济具有的内在竞争机制及数据潜在的巨大价值，使数据搜集、挖掘、分析成为最时尚的职业之一。市场是透明化时代到来的重要牵引力。

（二）透明化时代隐私和隐私权的新含义

隐私又称私人秘密，是文明演进的产物，是一个不断发展的概念。从隐私由最初的“知羞耻”发展到今天的占主流地位的各种私人生活、私人信息、私人空间都被覆盖的轨迹可以预见，随着科技的不断发展和人类认识的不断提高，隐私的外延还会不断扩张[2]。Warren 等人在 1890 年发布

[1] 徐瑞萍．信息崇拜论[J]．学术研究，2007（6）：34-39.

[2] 黄芬．隐私与隐私权概念的思考[J]．大连海事大学学报（社会科学版），2007（2）：39-43.

的《隐私权》中，对隐私的界定主要涉及的是私密的、非公开的、相对静态的个人信息[1]。而在当今时代，隐私一词衍生出新的内涵，具有了透明化时代的特色，其含义不同于传统意义的概念。透明化时代的隐私更倾向于涉及原本不敏感的、共享的、公共领域内的个人信息[2]，即隐私关注的领域由本我独有、固化的信息转为透明化时代随时可见、随处流动、易被他人掌握的个人信息。

与隐私密切相关的就是隐私权。个人被赋予的隐私权是随着流动社会的个体发展而展开的一种权利赋予或权利扩充[3]。隐私权源于人的羞耻感，当原始人类拿起一块遮羞布时，就意味着人有了自我隐私的保护意识。随着隐私内涵与外延的演变，隐私权在透明化时代也有了新的演化与定义。如今的隐私权主要是指在公共领域，掌握在公众手中的个人信息不被侵犯的权利，也指流动在社会领域中的个人可视信息的保护权。很显然，隐私权的权限在不断扩大，隐私权所具有的抵御外部力量侵犯的色彩逐渐浓厚。

在日益透明化的今天，个人隐私权正极大化地被侵犯，正如英国左翼作家乔治·奥维尔在《一九八四》中描述的那样："无论你是睡着还是醒着，在工作还是在吃饭，在室内还是在户外，在澡盆还是在床上——没有躲避的地方。除你脑壳里的几个立方厘米之外，没有任何东西是属于你自己的。"[4]透明化时代，无论是在现实社会还是在网络空间中，个人隐私权正在受到愈来愈严重的侵犯。

---

[1] Warren S D, Brandeis L D.The right to privacy[J].Harvard Law Receiver,1890,4(5):193-220.

[2] 吕耀怀．信息技术背景下公共领域的隐私问题[J]．自然辩证法研究．2014（1）：54-58.

[3] 段伟文，纪长霖．网络与大数据时代的隐私权[J]．科学与社会，2014（2）：90-100.

[4]［英］乔治·奥维尔．一九八四[M]．上海：上海世界图书出版公司，2013：30.

二、透明化时代隐私权被侵犯的表现

(一)个人裸露于现实社会

新一代信息技术及相关技术的广泛应用，使人的生理信息愈来愈容易被透视。生理信息包括个体先天得来的一切遗传信息和后天生长发育过程中形成的有关信息[1]。

首先，技术的进步实现了物理层面信息的可视。医疗设备的先进化、生活技术的机械化、社会治理技术的智能化使得物理层面的自我被透视。在医疗技术领域，个体外貌特征、身体构造甚至神经系统等构造和病理指标完全可视；在生活服务技术领域，可穿戴的 Apple Watch，可拍照标注的 Context Cameras 和基于射频识别（RFID）的自动付款系统、车牌识别系统等技术，将我们的信息全方位透视；在监控技术领域，监控设备和定位技术让我们时刻处于“第三只眼”的监视下。大数据专家邬贺铨院士指出：几乎每个城市都有摄像头，且几十万个摄像头所产生的数据可以达到数百个 TB[2]。我们的思想、言语、行为等，一切都留下了足迹，而这些足迹被智能设备记录下来并上传网络、存于云端，因此留下了人类的数据足迹，也留下了人类数据化的历史[3]。

其次，数据的流动加速了信息的可知。如果说数据的收集、存储和挖掘

---

[1] 李秀芬．论隐私的法律保护范围[J]．当代法学，2004（4）：98-104.

[2] 邬贺铨．大数据时代的互联网面临三个问题[N]．中国信息化周报，2013-9-9（5）.

[3]［英］维克托・迈尔-舍恩伯格．删除——大数据取舍之道[M]．杭州：浙江人民出版社，2013：21.

等技术实现了数据大范围的可视、可知，那么为打破“数据孤岛”，实现数据资源互联互通的数据开放则加速了个人隐私的流动。而且，面对互联网开放性、流动性和传播性等特点，数据的滚滚洪流促进了个人信息的快速透明，在透明化时代的疾驰车轮下，碾碎了我们心中一块完整的遮羞布。

（二）个人透视于网络空间

“一入网络深似海，从此隐私是路人。”个体在虚拟网络空间参加活动时，隐私问题便凸显出来了[1]。在数据生产、传输、接收、共享的虚拟网络平台中，个人细细缕缕的数据“痕迹”都被新一代信息技术完完全全收集起来。这些带着我们“基因”的数据被拼凑起来就是另一个自己。一旦这些数据被泄漏，我们的隐私将遭受“亵渎”。

首先，数据所有权受剥夺。隐私本属于行为主体私有的信息资源，而在透明化时代，个人所拥有的这种权利已显然被无限边缘化、稀释化。如个体在消费、社交、工作等各个领域中登录的网址、留下的信息都被相关厂商在未经“告知与许可”的情况下收集起来，并被用来向我们推送广告等，自己的信息我们自己不能做主，“我的地盘我做主”也仅仅是一句空洞的广告词。

其次，隐私保密权受到侵害。我们的日记、笔记被他人收集翻阅查看，我们的通信内容、身份信息、理想规划等众多“不能说的秘密”也变成了“公开的秘密”，我们犹如原始人一样，裸奔于“荒野”的透明化时代，一片遮羞的树叶也没有。

最后，“官方”信息泄露。由于等级保护技术不完善、网络空间管理制度滞后、部分企业道德让位于经济利益等因素，造成涉及个人隐私的“官方”信息泄露严重。据中国互联网协会发布的数据显示，因“官方”原因

[1] Lewis k,Kaufman J, Christakis N. The taste for privacy: An analysis of college student privacy settings in an online social network [J].Journal of Computer Mediated Communicated,2008,14(1):79-100.

而造成的信息泄露中，54%的网民认为个人信息泄露严重，其中21%的网民认为非常严重。84%的网民亲身感受到了由于个人信息泄露带来的不良影响[1]。

在透明化时代，我们的隐私数据被收集、存储起来，这些数据有些是被人强行记录的，有些是我们自己主动留下的[2]。但是，这些数据如果被不法分子利用，那么将对我们的隐私权造成诸多危害。

三、隐私权被侵犯带来的危害

（一）自由权利被限制

自由——人类社会不断寻求的理想生活状态。“所谓自由，众所周知，就是能够按照自己的意志进行的行为。但是，一个人的行为之所以能够按照自己的意志进行，显然因为不存在按照自己意志进行的障碍。”[3]从伦理学角度看，自由的实现与否重在自由意志能否实现，而自由意志能否实现主要强调社会环境对其是否存在障碍，这一障碍主要是排除个人先天能力不足的外在阻碍。然而，在我们利用技术为人类自由减少社会阻碍时，却带来了一个更难解决的障碍——个人隐私被侵犯。由此，个人的自由意志受限，进入新的束缚中。

首先，选择权利丧失。如果说在大数据环境下，个人自由选择权利被

---

[1] 中国互联网协会．中国网民权益保护调查报告2016[R]．2016．

[2] 黄欣荣．大数据技术的伦理反思[J]．新疆师范大学学报（哲学社会科学版），2015（3）：2，46-53．

[3] 王海明．伦理学原理[M]．北京：北京大学出版社，2009：242．

限制的话，那么，在透明化时代，个人自由选择权利近乎丧失。在大数据环境下，为了避免因自我私密信息泄露而使自我处于被“窥视”、被设计的境地，个人不敢轻易表达自我意愿，对数据使用与否的选择具有一定的被动性。但在这一背景下，个人仍然具有选择保留部分自我隐秘数据的权利，有选择是否对其进行保密的权利。而在透明化时代，无论是个人的内在精神还是外在的体貌特征都处于近乎“全裸”的状态，何以谈选择权利？个人被迫丧失对自我数据遮蔽或无蔽状态的自由选择权利。

其次，遗忘能力丧失。信息被透视程度的提高、软件记忆功能的强化、信息储存能力的增强等一系列新型驱动力，使人的先天遗忘能力被迫削减。例如，亚马逊“记忆”我们想要购买的系列产品；谷歌详细记录储存我们浏览的记录；Twitter 和 Facebook 等社交软件保留我们从开始到最后所有的交往信息记录等。信息的记录与保存不断消解着我们的“遗忘”，“我们成了一台巨大的回头看的机器”，[1]对人的识别侧重于“是什么”即 be 的静态思维观念，忽视了个体 being，即会是什么、将是什么的动态发展特征，使我们难以抹去数据足迹，忘记历史，也很难“从头再来”“重新振作”。

最后，言论自由受限。自然遗忘、言论自由权是人与生俱来、先天赋予的自然权利，人人享有的这种自然权利不仅是法律权利的来源，而且是政治权力的渊源[2]。可以说，与生俱来的遗忘与言论自由容不得被侵犯是人之为人的一种体现。但是，在透明化时代，这些权利正在不断地被重新塑造甚至被蚕食和瓦解。遗忘功能的衰退，加上各种各样的监控，我们将失去畅所欲言的自由权利。从 1989 年德国政府雇佣间谍监视成千上万民众的一举一动，到美国的“棱镜门”事件，再到希拉里私密邮件被公开侵入、朴槿惠私人交往信息被完全透视等相关事件的出现，让我们感知到“隔墙有耳”“隔屏有眼”的恐怖状况，并深刻地意识到当下个人隐私被窥视

[1]［美］纳西姆·尼古拉斯·塔勒布．黑天鹅[M]．北京：中信出版社，2011：11.

[2]［英］洛克．政府论（下）[M]．北京：商务印书馆，1964：5.

的面之广、量之大、程度之深和影响之重！达摩克利斯之剑时刻悬在人类头上，透明化时代下的个体不可多言，也不敢多动。

（二）安定之需被侵扰

如果需求无冲突、生活无纷争、心灵无干扰的平静生活是人所向往的安定，那么对立物之间的相辅相成、互惠互利、共同发展的“和谐”则应是实现安定的重要因素。在透明化时代，经济、政治、文化和技术进一步发展的需求与个人隐私权的保护有时是冲突的，而这种冲突所带来的各种问题则侵扰着理想中的安定。

首先，生活不安宁。数据资源的透明造成个人信息的“裸奔”，不法分子在利益驱使下对这些数据的非法使用，将成为猝不及防的害人利器，威胁人们的生命财产。2016 年 10 月 28 日，中国互联网信息中心（CNNIC）公布的信息显示：2016 年仅第三季度，安全软件 360 手机卫士就为全国用户识别和拦截各类骚扰电话 115.4 亿次，平均每天识别和拦截骚扰电话 1.3 亿次。其中，诈骗电话占比为 13.3%，平均每天拦截诈骗电话 1668 万次。而且近 10 年来我国电信诈骗案件每年以 20%～30%的速度快速增长，2015 年全国公安机关共立电信诈骗案件 59 万起，同比上升 32.5%，造成经济损失 222 亿元[1]。一些防备意识稍差的人极易上当受骗，造成悲惨的结局。例如，2016 年 8 月 19 日，南京邮电大学大一准新生徐玉玉被骗 9900 元后猝死；2016 年 8 月 23 日，山东理工大学大二学生宋振宁被骗 1996 元后心脏骤停，不幸离世；2016 年 8 月 29 日，广东省惠来县新生蔡书妍被骗 9800 元后，自杀身亡……多起悲剧昭示我们“数据吃人”的现实，多个事件提示我们隐私泄露给社会带来的危害，也警示我们要时刻加大隐私权保护的力度，保障人民的生命财产安全。

其次，心灵不安稳。人的心灵感知是对外在事物的一种主观反映，受社会环境的影响。在透明化时代，“裸奔”的隐私，在心灵的感知中也许

---

[1] 中国互联网网络信息中心（CNNIC）．2015 年中国手机网民网络安全状况报告[R]．2016.

仅仅是概念性的名词。然而，个人的生命财产若因隐私“裸奔”而受到切实伤害，此种社会现象反馈到个人内心便不再是名词概念，而是各种惶恐与不安。同时，在主观能动性的作用下，社会现实存在的隐患将被放大，从而进一步加剧个人心灵的不安稳。例如，数据主体发觉自己的未来可以被他人手中的数据预测和操控时，会减少对未来的憧憬和展望，甚至会对未来产生恐惧心理。

（三）情感态度被冲击

人的社会性行为本应被寄予“真”“善”“美”的价值理念，但其行为在作用于社会现实时，有时会产生新的问题，从而影响人的情感态度。如透明化本应为人类生活提供更多的便利，却异化出人的自由被束缚、生活被侵害、心灵被干扰等一系列问题，“刷新”了人们对透明化的认知，冲击了人们的情感态度。

首先，人对技术的情感转变。技术实为人功能的延伸，被寄予了为人服务、为人谋利的情感态度。然而，当个人隐私被侵犯时，技术的发展在一定程度上加大了人的忧虑。例如，数据“裸奔”下预测技术的发展，就为人的生存带来诸多隐忧——当数据技术预测到个人会生病、欠款时，保险公司是否会拒绝他购买保险？预测到个人行为可疑且有犯罪倾向时，警察是否要对其实施预先逮捕？维克托·迈尔-舍恩伯格指出：“我们冒险把犯罪的定罪权放在了数据手中，借以表明我们对数据和我们的分析结果的崇尚，但是这实际上是一种滥用。”[1]当数据技术掌握了权衡是非、预测行为时，便忽视了人的自由意志和选择自由，将导致个人对技术的态度与接受度的改变，进而对新技术的现实效用产生怀疑，甚至会排斥新技术在现实生活中的应用。若社会群体对技术的开放与封闭管控不当，将直接影响透明化时代技术的再进步，成为个人生活、社会进步、国家发展的阻力。

---

[1]［英］维克托·迈尔-舍恩伯格，肯尼思·库克耶．大数据时代[M]．盛杨燕，周涛，译．杭州：浙江人民出版社，2013：195，221.

其次，人与人之间的情感淡漠。也许我们会将隐私的公开与泄露、生存的焦虑与恐惧等问题的产生归因于技术的发展，但技术只是一种工具，不具备道德净化的作用，反而极易被人利用，影响人的生活。换言之，我们因技术而产生的担忧与恐惧将转移到对人的怀疑与警戒。人在透明化时代为更好地保存自我，不得不对他人存有“戒备”心理。拒绝接听陌生电话便实证了这一点。正因为如此，人们容易忽视这一陌生号码是亲朋好友刚换的新的联系号码的可能。

（四）价值观念被扭曲

网络社会中，主体行为往往是在“虚拟现实”的情况下进行的，网民所有的真实信息都有可能被随意篡改。这种人际交往方式很容易造成人性的虚伪、人伦关系的扭曲乃至心理的变态[1]。数据、信息的透明与利益的驱动，会扭曲一些人的世界观、人生观和价值观，滋生拜金主义和享乐主义的观念。

首先，滋生过度功利主义观念。在利益驱使下，容易产生“人为财死，鸟为食亡”“一切向钱看”的功利思想，甚至走上违法犯罪的道路。从 2017 年 11 月 1 日开展的打击电信诈骗专项行动的资料来看，广东茂名市、江西余干县、湖南双峰县、海南儋州市等 7 个地区出现了“诈骗村”，这些村的村民以诈骗谋生，在价值观上甚至以诈骗“成功”“较多”为“荣”，以诈骗“失败”“较少”为耻。如果任其发展，社会主义核心价值观将遭受巨大的冲击，产生“劣币驱逐良币”的怪象，国家的总体意识形态也会受到影响。

其次，错解传统诚信理念。主流意识观念的偏转也是对原有的社会契约的一种打破——人们对约定俗成的诚信理念变得淡漠。“诚”乃真实无妄之美德，重在“内诚于心”；“信”乃信任不欺之可靠，重在“外信于人”，

---

[1] 刁生虎，刁生富．传统伦理思想与现代网络道德建设[J]．淮阴师范学院学报（哲学社会科学版），2006（2）：210-214，218.

“诚”与“信”之结合则含有言行合一、表里如一的内涵，是伦理规范和道德标准的基础，是人之为人的重要品行之一，是维持一个社会存在和发展的基石。然而，在拜金主义和享乐主义的驱使下，诚信似乎成了空头文字，不仅对人的约束直线下降，而且人们对诚信行为的认可也在不断被歪曲。如网站对用户承诺保障其隐私，且对外明令禁止他人私自挪用本网站内属于“用户”的信息，但网站后台却不断分析、整理收集到的用户数据，类似此种“两面三刀”“言行有别”的行为更加快了诚信理念的流失，加剧了人与人之间的不信任程度。

马克思在阐述权利观时深刻指出：“没有无义务的权利，也没有无权利的义务。”[1]权利的享有需要义务的履行，且二者需成正比例关系，这是维系社会和谐关系的重要因素。在透明化、数据化、扁平化的虚拟社会，共处的依然是千千万万、存有私欲的真实个体。在一个没有阶级、没有界限、没有围栏的虚拟世界中，方便依旧、问题也依旧。我们需要“透明化”下的便利，也需要“透明化”下的问题治理和隐私权的保护。

四、综合治理确保隐私权不受侵犯

（一）法律划定隐私权边界

法律是在社会演变下产生的客观、公正的社会规则。人类在经历了熟人社会向陌生人社会的转变后，逐渐认识到法律在社会治理中的重要作用。在熟人社会，“法制”的功能被弱化，以道德和信任为基底的“契约”

[1] 中共中央编译局. 马克思恩格斯全集：第25卷[M]. 北京：人民出版社，2001：641.

成为维护社会秩序的重要力量。而在经济发展、技术进步、人口流动等因素作用下，人类社会迈进了“人性冷漠”“道德滑坡”的陌生人社会。当个人透明化地生存于陌生人社会时，潜在的威胁不可低估，此时，法律强有力的社会规范作用便凸显出来。因此，我们需要制定完善的法律为隐私权划定安全不可侵犯的领地。

美国早在1974年就制定了《联邦隐私权法》，欧盟在1995年颁布了《欧盟数据保护指令》，英国也在1998年颁布了《数据保护法》，但到目前为止，我国还未出台有关隐私权的专门法律。虽然从2017年6月1日起执行的《中华人民共和国网络安全法》具有里程碑的意义，但在个人信息保护上，其只是完善了相关规则，还缺乏更进一步的细则。因此，需要完善隐私权保护的内容，加大隐私权保护力度，增强对网络空间个人隐私安全的保护。可参考西方的法律制度，对相关法律条文的制定做出以下基本的界定。

首先，明确受保护的信息范围。一是基础信息：身高、体重、血型、肤色等一系列与基因信息有关的个人信息，身份证号码、电话号码、家庭住址等私密信息，参与网络活动的私密信息，被监控设备监督的信息。二是消费信息：信用卡、电子消费卡、网卡、网络账号和密码、消费及交易账号和密码等。三是社交信息：在Facebook、Twitter、QQ邮箱等社交软件中留存的隐私信息。四是活动踪迹：个人在网上的活动踪迹，如IP地址、浏览踪迹、活动内容等。另外个人信息可按照保护级别分为个人身份信息、敏感信息、准标识符信息、公开信息及日志信息[1]。

其次，制定明确的隐私权保护条例。我国《民法通则》以侵害名誉权的方式对隐私权实行间接保护，但这种模式效果差、不够完备。因而，可进一步利用刑法、行政法或民法对隐私权进行明确规定，实行直接保护。

[1] Pearson S.Taking account of privacy when designing cloud computing services [C]//Proc of the 31st ICSE Workshop on Software Engineering Challenges of Cloud Computing. Piscataway,NJ:IEEE,2009:44-52.

最后，建立完善的保护体系。借鉴欧盟“全流程保护”模式，对个人数据建立严密的保护制度。从个人信息的采集、挖掘、使用，直到最后环节的销毁，建立一套完善的个人隐私权保护体系。

（二）监管守护隐私底线

政府监管主要是指借助法律对市场进行管理，对行业自律具有一定的引导作用。行业自律的核心就是自我管理、自我约束，但其自我约束的效力具有一定的局限性，需要政府监管这一外部力量给予引导、约束和规范。因而，在透明化时代，我们需要加强政府监管：一方面，依靠法律效力加强对市场的监管；另一方面，加强和完善行业自律水平，提高企业自行保护他人隐私安全的责任感。为此，政府部门要充分发挥新一代信息技术的作用，加强和创新政府监管，提高治理能力，保护个人隐私权不受侵犯。

首先，整合数据资源。在透明化时代，为了实现政府高效、快速、及时的监管，急需打破“数据孤岛”，打通各个部门、各个层面的信息连接，实现信息互联互通，加强政府机关“规范操作”“统一操作”，实行信息的流动共享，确保做到使用与安全的统一。

其次，引入数据技术。数据技术即一项具有探知过去、分析当下、预测未来的高能技术。在此技术支撑下，政府可以更有针对性、目的性、预知性地进行监管，让监管活动低成本、高效率。因此，要大力发展高新技术，赋予工具以“善性”，提高政府监管的实效性。

最后，听取民意。“知屋漏者在宇下，知政失者在草野”，人民群众是历史发展的决定力量。要及时听取人民群众的意见反馈，不断从人民群众的“拍砖”“吐槽”中汲取智慧，从人民群众的批评中汲取营养。隐私保护涉及人民群众最关心、最直接、最现实的利益，我们要坚持走群众路线，多听取群众意见，为民谋利。

（三）经济权衡利益各方

恩格斯曾强调："各因素相互作用的历史合力是社会发展的终极因素，而在历史合力中起着决定作用的是经济因素。"[1]虽因时代背景的不同，社会历史发展的主导因素是可变的，但经济的决定性作用不容忽视。经济基础决定上层建筑，上层建筑对生产力乃至整个社会发展作用的性质，取决于它所服务的经济基础的性质。可见，经济在推动人类社会发展过程中起决定性作用，且经济利益是社会问题产生与解决的根本性因素。透明化时代，在经济利益的驱使下，数据企业对数据进行加工与处理后，再次将其应用于数据主体的行为含有诸多安全隐患。总之，网络社会中引发的种种问题，归根结底就是网络空间中个人权利与社会需要之间的冲突[2]。因此，协调好各方经济利益的需求，可以更好地保护个人隐私权，使其免遭侵犯。

首先，利益各方要兼顾经济效益与社会效益。习近平总书记在 2016 年 4 月 19 日的网络安全和信息化工作座谈会上强调：利益各方要重视坚持经济效益与社会效益兼顾，办网站的不能一味追求点击率，开网店的要防范假冒劣质，做社交平台的不能成为谣言扩散器，做搜索的不能仅以给钱的多少作为排位的标准……"己所不欲、勿施于人；己所欲之，必先予之。"在透明化时代，生产商若要追求经济效益，维护社会效益是其发展的基础；生产主体若想保持自我数据安全，就要在生产时保护好他人数据。经济效益的"适可而止"是利益各方要持有的重要观念，是兼顾自我效益、维护集体利益的重要理念。

其次，数据获益者自觉承担数据保护责任。只有积极承担社会责任的企业才是最有竞争力和生命力的企业。Bowie 等人的研究表明，重视保护

---

[1] 中共中央编译局. 马克思恩格斯文集：第 10 卷[M]. 北京：人民出版社，2009：592.

[2] 刁生富，徐瑞萍. 论网络空间中的隐私权[J]. 自然辩证法研究. 2004（11）：79-82.

个人隐私、兼顾个人利益与企业利益的企业，在竞争中将更占优势[1]。从这个意义上讲，数据使用者承担行为责任可以有效地保护个人隐私，也有利于企业兼顾社会利益与经济利益。"这样一来，使用数据的公司就需要基于其将对个人所造成的影响，对涉及个人数据再利用的行为进行正规评价。对数据使用进行正规评测及正确引导，将对数据使用者和数据贡献者带来切实的好处：很多情况下，数据使用者无须再取得个人的明确同意，就可以对个人数据进行二次利用。相反地，数据使用者也要为敷衍了事的评测和不达标准的保护措施承担法律责任，诸如强制执行、罚款甚至刑事处罚。"[2]

（四）教育提高数据素养

数据素养（Data Literacy）又称"数据信息素养"[3]，主要是指个体在不违背数据伦理道德规范基础上收集、处理、分析、利用共享数据的能力。个人所应具备的数据素养主要包括数据意识和思维、数据知识和能力，以及数据道德修养。目前，社会成员普遍存在数据保护意识淡薄、数据能力低和数据道德修养缺失等问题。因此，需要创新教育模式，丰富教育内容，提高整个社会的数据修养，特别是针对隐私权保护的数据素养。

首先，提高数据素养意识和数据思维能力。在大数据背景下，"量化一切""让数据发声"成为时代口号，人们更加重视"全数据而非样本"的整体性思维，追求"量化而非质化"的量化思维，强调"相关性而非因果性"的相关性思维。但是，在高度重视大数据思维的同时，也要保持理

---

[1] Bowie N E, Jamal k. Privacy rights on the internet: Self regulation or government regulation?[J].Business Ethics Quarterly,2006,16(3):323-342.

[2]［英］维克托·迈尔-舍恩伯格，肯尼思·库克耶．大数据时代[M]．盛杨燕，周涛，译．杭州：浙江人民出版社，2013：221.

[3] Carlson J，Fosmire M，Miller C C，et al．Determining data information literacy needs: a study of students and re-search faculty[J]．Portal Libraries and the Academy，2011，11(2)：629-657.

性，认真对待其存在的局限性，警惕对大数据的过度崇拜，从整体兼顾部分、量化整合质化、因果强调相关的互补中实现大数据思维的超越，这对预防包括隐私权侵犯在内的大数据社会问题的产生，具有重要意义[1]。因此，在透明化时代，我们既要认识到个人数据透明化带来的便利和数据公开的社会价值，又要树立个人数据保密与保护意识，充分发挥法律和道德的力量，保护自我隐私权。

其次，学习数据知识，提高数据辨识能力。在透明化时代，自我信息的可视、可知，大大地提高了不法分子不法行为的可信度，没有经过专业的数据素养培训、没有过硬数据知识的人是很难辨别的。为此，开展各种形式的教育，引导民众不断为自己的隐私安全知识“充电”，是降低数据时代风险指数的重要举措。

最后，加强道德引导，重视道德自律。利益是道德的基础，道德就是处理各种利益关系的准则或规范[2]。就道德最初意义来看，道德由规范性与神圣性两方面共同构成，前者是外显特征，后者是精神内核，且原始道德主要依靠德育对象的虔敬心理来发挥其教化功能，也就是说，神圣性在德育中发挥着重要作用。但在道德世俗化过程中，规范伦理大行其道，道德神圣性的一面逐渐失落，只留下了规范性的一面[3]。如果把隐私看作一种人权，那么它就是社会道德价值体系的一部分[4]。因此，在透明化时代，为减少因经济利益侵犯他人隐私权的不法行为，需开展道德教育：一方面提高人的内在修养，加强自我约束力；另一方面引导社会形成积极向上的道德风气，通过道德自律加大对个人隐私权的保护。

---

[1] 刁生富，姚志颖．论大数据思维的局限性及其超越[J]．自然辩证法研究，2017（5）：91-95.

[2] 魏长领．道德信仰危机的表现、社会根源及其扭转[J]．河南师范大学学报（哲学社会科学版），2004（1）：96-100.

[3] 宋晔，王佳佳．道德教育神圣性的失落与回归[J]．河南师范大学学报（哲学社会科学版），2015（04）：177-180.

[4] Bennett C J.The political economy of privacy: A review of the literature [R]. 1995.

（五）舆论营造和谐氛围

舆论主要是指在特定的时间和空间里，公众对特定的社会公共事务公开表达的基本一致的意见或态度[1]。舆论所关注的主要是“意见”，舆论引导正是对个人意见的导向。舆论引导不是引导民众顺应国家发展需要直接参与讨论，而是大众媒体顺应需要去替代公众讨论，再将得出的结论传达给民众，争取民众的认同[2]。它是社会治理的“软力量”，是民意的风向标。在透明化时代，加强舆论引导，营造和谐的舆论氛围有利于隐私权保护。

首先，发挥党和国家意识形态的引领作用。党和国家意识形态的基本方向是社会舆论的指向标，且是被社会主要力量所认可的主流价值观。因而，为营造安全、可靠的透明化时代，需要党和国家积极发挥其主导力的作用。对此，我国已将每年 9 月的第 3 周作为“国家网络安全宣传周”，2016 年是第三届，其主题为“网络安全为人民 网络安全靠人民”。人民的隐私权是此次国家网络安全宣传周宣传的一个重要方面。

其次，推动新旧媒体的融合，加大宣传力度。既要充分利用电视、报纸、杂志等传统媒体宣传网络安全知识，又要充分利用新兴媒体，尤其是传播快、影响大、覆盖广、社会动员能力强的微信、微博等自媒体，大力宣传有关隐私保护的法律法规，加大相关典型案例的宣传与警诫力度。总之，在透明化时代，要营造和谐的舆论氛围，发挥社会主义核心价值观的导向作用，以有效地保护个人隐私权。

1 李良荣．新闻学概论[M]．上海：复旦大学出版社，2001：49.

2 陈力丹，林羽丰．再论舆论的三种存在形态[J]．社会科学战线，2015（11）：174-179.

第十章

遗产：数据时代的新形式

随着新一代信息技术和人工智能技术的快速发展，数据呈爆炸式增长态势，人类社会进入大数据时代。在这个新时代里，数据成为驱动经济和社会发展的“新能源”，数据的驱动将引发产业商业模式的变革、公共管理方式的改进及社会生活的转型。实际上，数据不仅是新能源，也是新资源和新资产，甚至会成为最重要和最大规模的资产。海量的数据离不开人的贡献，作为网络用户的我们在创造着各种各样的数字财产，而这正是大数据的重要组成部分。但当我们老去时，却带不走属于自己的数字财产。那么，留存于网络空间的数字遗产将何去何从？网络数字遗产能否如现实中的遗产由法定继承人继承呢？这是大数据和互联网时代不可回避的一个重要问题。

一、网络数字遗产——新的遗产形式

（一）网络数字遗产的含义

根据联合国教科文组织 2003 年通过的《保护数字遗产宪章》（CHARTER ON THE PRESERVATION OF THE DIGITAL HERITAGE）的定义，数字遗产是将人类活动的文明成果以数字形式描述、存储和传输的特有的人类知识及其表达方式。我们所研究的“网络数字遗产”，则是以数字形式存储于网络空间中，自然人死亡后遗留的具有一定财产价值或精神价值的信息资源[1]，其中包括账号、密码、文字、声音、图片、影像、虚拟货币、游戏装备等。《国际先驱导报》曾在 2009 年 3 月 30 日以“死了之后，我的 QQ 号怎么办？”为题，刊登了一个真实的典型案例：一美国海军陆战队士兵于执行任务时被炸弹炸死，其家属向雅虎公司提出请求，要求得到他在雅虎网站的账号和密码，以便得到儿子遗留的信息，而雅虎公司却以侵犯死者及相关人的隐私权为由予以拒绝[2]。随着大数据时代数据资产重要性的日益凸显和人类社会生活大规模的网上迁徙，可以预见，类似这样的案例将会愈来愈多。

传统意义上的“遗产”，是指被继承人死亡时遗留的个人所有财产和法律规定可以继承的其他财产权益，如债权和著作权中的财产权益。遗产

[1] 刘智慧．论大数据时代背景下我国网络数字遗产的可继承性[J]．江淮论坛，2014（6）：112-119.

[2] 郭晓峰．试论互联网环境下“数字遗产”的继承[J]．河南科技大学学报（社会科学版），2010（3）：100-103.

的形态不以死者死亡时遗留下的状态为限，从死者遗留下的财产衍生出的财产或替代财产均为遗产，这是传统意义的遗产的构成要件之一，而网络数字遗产实则可以归于构成要件所指的“衍生财产或替代财产”。以支付宝为例，网络数字遗产不仅仅是支付宝用户的账号信息，还包括储存于这一账号内的金钱。支付宝与银行卡、银行存折一样，其内的金钱可以被提现，具有从网络数字财产转为现实财产的可能性。从这个程度来看，网络数字遗产是具有财产属性的。

（二）网络数字遗产的类型

数字化生存是大数据时代的显著特征之一：一方面我们的工作、学习、娱乐消遣等方方面面被“网络数字化”，另一方面我们也在创造着各种各样的数字财产。结合目前网络实践的情形分析，网络数字遗产大致有三种类型：一是数字化个人信息，包括电子邮件、即时通信工具及社交媒体等网络服务的登录账号等，如自然人在网络上所拥有的微信、微博、QQ、电子邮箱等相关的账号信息；二是数字化财产，数字本身能够反映出财产价值，如支付宝、游戏装备及网店等；三是数字化作品，如自然人在网络上发表的博文、微文、照片、视频、音频等。随着新一代信息技术和人工智能技术的快速发展和广泛普及，数字遗产的种类必将增多，外延也会不断扩大。

（三）网络数字遗产的特征

1. 网络数字遗产以互联网为载体，具有虚拟性

网络数字遗产以数字的形式存储于网络空间中，以互联网为载体。互联网是一个虚拟与现实之间的空间，是一个虽独立于现实世界但又具有实在性的数字化的社会空间，不占据现实的物理空间，故网络数字遗产具有虚拟性。传统意义的遗产强调以“物”的形式存在于现实的物理空间。尽

管如此，虚拟的网络空间与现实的物理空间同属“空间”这一范畴，况且网络数字遗产是一种客观存在，就此而言，对网络数字遗产的保护方式与传统意义的遗产保护方式具有一定的相似性。

2．网络数字遗产由双方共同创造，继承具有复杂性

网络数字遗产作为网络环境中的一种数字信息，离不开网络服务提供商和网络用户——网络服务提供商搭建网络服务平台，网络用户使用个人账号和密码登录服务平台，双方以网络服务协议来确定彼此之间的权利和义务。正因为这样，如果网络用户及其继承人要想获得这些数字财产，则需要网络服务提供商的授权或配合。从这个意义上看，网络服务提供商与网络用户相互依存，共同控制、共同创造数字遗产。从遗产继承角度看，这里涉及网络用户、网络服务提供商和继承人三方的关系，在一定程度上显示出这种新型的遗产形式在继承上要比传统的遗产继承复杂得多。

二、网络数字遗产继承出现的新问题

（一）继承缺乏法律依据与司法共识

近年来，法律界对于网络数字遗产的法律属性及可否将其纳入可继承遗产的范围存在广泛的争议。有学者认为，通过网络服务提供商的技术支持或者对网络服务协议的修改便可以解决网络数字遗产的继承问题，由于立法程序复杂、立法成本巨大，他们对于将网络数字遗产的继承问题上升至法律层面持观望态度。也有些学者认为，数字财产已经不是简单满足用户个体精神需求的问题，而是涉及公民财产利益的社会问题，现实生活中的遗产可由法定继承人继承，而对留存于网络虚拟空间的数字遗产的继

承，可参照的法律法规几乎没有，所以网络数字遗产的继承问题应当得到国家法律的有效保护。

与现实的物理空间相比，虚拟的网络空间具有自身的特殊性，许多已有的调节物理空间社会关系的法律的约束力在网络空间明显下降，而新的适合于网络空间的立法具有明显的滞后性。因为“法律在本质上是反应性的”“法律和法规很少能预见问题或可能的不平等，而是对已经出现的问题做出反应。通常，反应的方式又是极其缓慢的”[1]。正因为法律依据的缺失，对数字财产纠纷案件的司法实践就显得莫衷一是了。在国内首例游戏装备失窃案——“红月游戏”案中，玩家因所持游戏账号内的虚拟物品被盗，对游戏开发商提起了诉讼。2004年北京市朝阳区人民法院一审判决，要求游戏开发商返还玩家购买游戏卡所支付的费用，恢复玩家的游戏装备，并且赔偿玩家因此官司产生的相关费用。玩家“告赢”游戏公司。可见，法院认同网络虚拟装备等网络数字财产虽然是无形的，但并不影响其作为一种财产而获得法律上的救济[2]。

而在国内首例 QQ 号码盗窃案中，被告利用木马病毒非法盗取多个QQ 号码，并在网络上销赃获利。2006 年 1 月，负责对该案进行一审判决的深圳南山区法院，将 QQ 号码视为“通信代码”，以“侵犯通信自由罪”结案。对于“QQ 号码这一网络数字财产是否受法律保护”的争议，审理该案的法院认为，财产的范围只能由立法机关确定，我国现行的法律和司法解释尚未将 QQ 号码等网络数字财产纳入保护的财产之列[3]。

（二）网络数字遗产归属权利界线模糊

技术每前进一步，新的社会问题也会如影随形。互联网的飞速发展，尤其是移动互联网的广泛普及，导致近年来国内因网络数字遗产继承而产

[1] 理查德·A·斯皮内洛. 世纪道德：信息技术的伦理方面[M]. 刘钢，译. 北京：中央编译出版社，1999. 22.
[2] 刘智慧. 论大数据时代背景下我国网络数字遗产的可继承性[J]. 江淮论坛，2014（6）：112-119.
[3] 广东省深圳市南山区人民法院（2006）深南法刑初字第 56 号刑事判决书[Z].

生的纠纷案件屡见媒体报道。例如，2010 年山西省太原市的王先生想整理已故父亲的资料作为纪念，在向网络服务提供商请求获取已故父亲的邮箱账号和密码时遇到阻挠。2012 年某男子向淘宝网申请继承去世女友的网店，在社会上引起了有关“网店能否被继承”的热议。2017 年，腾讯和华为两大科技巨头也因为互相指责对方夺取用户数据、侵犯用户隐私而引起了争执。诸如此类事件的发生，总会在社会上掀起阵阵舆论波澜，使人们不得不对“网络数据归属”的问题陷入深思。尤其是大数据时代，这个问题变得更加突出。正是在这样的背景下，一种新的权利——个人数据权应运而生。

毋庸置疑，具有一定价值的数字财产，是网络用户付出一定的时间、精力乃至金钱创造出来的，网络服务提供商仅为数字财产提供了“生存空间”，并在后期将其存储而已。因此，对网络数字遗产的最终处置权理应属于用户自身或者用户的法定遗产继承人。而法律规范的缺位，造成了数据归属权和决定权的模糊，使网络服务提供商成为用户数据的实际拥有者。

（三）网络服务协议有违网络用户意愿

网络服务提供商和网络用户以网络服务协议来确定彼此之间的权利和义务，而在网络服务协议中，网络服务提供商有义务对网络用户的个人信息进行保密，所以在网络用户死亡后，网络服务提供商往往会以网络服务协议为依据，拒绝对网络用户的继承人提供账号信息。也正因如此，在涉及网络数字遗产继承的问题上，网络服务提供商具有了排除继承人对网络用户网络数字遗产继承的主动权。

然而，这种排除或许有违网络用户的意愿。网络服务协议所谓的“保密规定”，意味着网络服务提供商已事先“代替”所有的网络用户声明，自己的数字财产不被他人，包括自己的法定遗产继承人所知。从社会上已经出现的网络数字遗产纠纷案件来看，网络服务提供商的规定与网络用户希望自己的网络数字遗产被继承人继承的意愿是相悖的。这种以“隐私保护”为由，对网络数字遗产的继承权利的排除，是网络数字遗产继承的一道障碍。

（四）精神价值亦为可继承的因素

财产包括物质财产和非物质化财产。财产是保障个人自由不可缺少的内容，为使个人自由得到更好的保护，从 19 世纪开始，美国法官就倾向于把非物质化的财产也作为财产法保护的对象[1]。在传统继承法的客体判定上，除经济价值属性因素外，精神价值属性也是判定其是否具有可继承性的因素。网络数字遗产是非物质化的财产，网络数字遗产可被继承，也应当是法律保护的对象。逝者生前上传到网络空间的博文、微文、照片、视频、日记、与朋友或家人联系的信件、聊天记录等数字财产，其中隐含的巨大精神价值，是继承人对逝者寄托哀思和进行追念的一种载体，具有情感寄托效能，是无法用经济价值来衡量的。

无论是网络数字遗产的经济价值还是精神价值，对于逝者的法定继承人来说均具有独特的继承意义。网络数字财产虽然与传统意义上的财产不同，但并不能否认它在现实世界中的继承价值，并不能将网络数字遗产与现实遗产割裂开。

---

[1] 肯尼斯・万德威尔德．十九世纪的新财产——现代财产概念的发展[J]．王战强，译．经济社会体制比较，1995（1）：35-40.

三、网络数字遗产继承问题的对策

（一）推进立法之路，提供条文遵循

目前，我国在法律上解决遗产继承纠纷的案件是以 1985 年 10 月 1 日生效实行的《继承法》为依据的。当时网络未如今日般普及千家万户，更不用谈 QQ、博客、微博、微信、游戏账号等这些数字概念了。在这样一个立法社会背景下，《继承法》对遗产的列举性规定中没有、也不可能有关于 QQ、博客、微博、微信、游戏账号等是否属于遗产范畴的界定。如今，随着大数据时代的来临，网络数字遗产的概念诞生并以更多的形式呈现。然而，网络数字遗产的继承面临着法律遵循的空白，要想从根本上解决目前司法保护的尴尬局面，立法无疑是最有效和最权威的手段。

早在 2003 年，联合国教科文组织大会在第 32 届会议上通过了《保护数字遗产宪章》，旨在帮助成员国制定国家保护网络数字遗产的政策和获取此类遗产。2015 年年底，美国特拉华州颁布了一项关于网络数字遗产继承问题的新法律，这项法律允许在当事人死亡或丧失行为能力后，家人获得当事人的网络数字遗产。也就是说，遗嘱继承人将拥有当事人的数字账户和设备，类似于对实物资产的继承。虽然这项法律与现有的网络服务协议存在冲突，但立法者认为这些虚拟财产在所有权人去世后仍具有价值，应该得到妥善处置。

国际组织及一些国家和地区在网络数字遗产继承方面的努力为我国推进立法之路提供了宝贵的借鉴经验。当前，最高人民法院可以考虑通过发布案例指导来解决网络数字遗产继承纠纷问题，更多地为立法积累实践经验。即便中国不是判例法国家，但在网络数字遗产继承法律尚不健全的情况下，发布指导性案例对司法实践具有重要的指导意义。

（二）修改服务协议，划清归属界线

虽然目前我国的法律没有明确保护网络数字遗产的条例，而且立法需要一定的时间，但网络服务提供商可以比立法“先行一步”，通过修改服务协议，增加有关网络数字遗产继承的细则，做好网络数字遗产的鉴定、保存和管理等工作，立足于网络用户的意愿，呼应网络数字遗产继承人的诉求。

一些网络服务提供商已经开始朝着网络数字遗产继承的方向付诸实践。例如，谷歌可以按照网络用户的“生前愿望”，在一定的时间期限后，将该用户的相关数据信息发送至用户指定的“遗产”接收人。淘宝网尝试推出“离婚过户”“继承过户”细则，以解决因夫妻离婚、店主去世等情况带来的网店分割和继承难题。Hotmail、雅虎网站已允许网络用户家属索要存储了虚拟财物的 CD，只要能证明该用户已死亡，并且和该用户有亲属关系。这些网络服务实践的变化，为网络数字遗产的继承提供了可能。如果网络服务提供商在不影响自身运营的情况下，给予网络用户足够的管理权限，那么，网络数字遗产的实际权限就掌握在网络用户手中。只有改变规则，突出网络用户作为网络数字遗产的主体地位，方可保障网络用户的权益，避免利益纠纷的出现。

（三）增设继承平台，建立保障空间

网络数字遗产的继承问题日益凸显，在一些发达国家，除有法律为网络用户坚守网络数据遗产的长城外，还衍生了一种新型的网络商业模式——网络数字遗产托管业务模式。美国的 Death Switch 和 Legacy Locker 是采用网络数字遗产托管业务模式的两家典型网站——在网站注册的用户可以创建一定数量的电子邮件，其内容可以是个人账户、密码及其他重要信息，也可以包含图片、视频等附件，如果用户在自己限定的时间内没有登录该网站，或者用户已被证实死亡，这些电子邮件会自动发送到用户指定的地址列表，比如继承人的电子邮箱。网络数字遗产的托管服务，就像飞机上俗称“黑匣子”的飞行记录仪，帮助人们寻找逝者生前的数字财产。实际上，中国也可以设立网络数字遗产继承平台，为网络数字遗产的继承建立保障空间，使网络数字遗产的继承变得更便于操作。

（四）秉承价值观念，注入人文关怀

大数据带领我们走向一个新的世界，我们每个人所创造的具有一定经济价值和精神价值的网络数字遗产是这个“新世界”的重要“成员”。能否利用好这些网络数字遗产，关键取决于网络数字遗产的拥有者和使用者。大数据使人获得了新的解放，“任何解放都是使人的世界（各种关系）回归于人自身”[1]。对网络数字遗产的处理也不例外。网络数字遗产不是冷冰冰的数字，它是一种“人格物”，它需要回归到人性。只有将网络数字遗产回归到继承人自身，其价值方可真正地得以诠释。在解决网络数字遗产的继承问题上，社会各方应当秉承“全面自由发展”和“以人为本”的价值观念，为网络数字遗产的继承注入更多的人文关怀。

“所谓自由，众所周知，就是能够按照自己的意志进行的行为。但是，

[1] 中共中央编译局. 马克思恩格斯文集：第 1 卷[M]. 北京：人民出版社，2009：46.

一个人的行为之所以能够按照自己的意志进行，显然是不存在按照自己意志进行的障碍。”[1]坚持全面自由发展，应当着力扫除当前网络数字遗产继承的障碍。例如，以法治的视角审视网络数字遗产的继承问题，赋予网络用户对数字财产足够的管理权限等，以数据保护有法可依、数据归属权利分明促进数据的使用自由。

坚持以人为本，在网络数字遗产的继承中高扬人的主体地位。处理好人与数据及技术可能性与伦理合理性之间的关系，处理好科学文化与人文文化之间的冲突，“把技术的物质奇迹和人性的精神需要平衡起来”[2]，既要发挥大数据在经济转型升级和社会治理上的力量，也要体现大数据在便民惠民上的温度。

每一个时代都有产生于这个时代的问题，问题是时代的声音，也是实践的起点。在互联网和大数据时代，应合理处理网络数字遗产的继承问题，使其制度化、规范化、人性化，使网络数字遗产得以长期保存与利用，从而更好地作为一种资源为社会发展和人性需要服务。

---

[1] 王海明．伦理学原理[M]．北京：北京大学出版社，2009：242.

[2] [美]约翰·奈斯比特．大趋势——改变我们生活的十个方面[M]．北京：中国社会科学出版社，1984：39.

第十一章

素养：用激情和理性拥抱大数据

互联网、物联网、云存储和云计算等新一代信息技术发展，使人类社会进入以数据为特征的大数据时代。“一个‘一切都被记录，一切都被分析’的数据化时代的到来，是不可抗拒的。”[1]在大数据环境下，个体应如何更好地适应大数据时代的发展，成为急需解决的问题。数据素养是个体适应大数据时代发展的重要生存技能。这就要求我们必须充分认识大数据时代对自身数据素养的需求与意义，理解数据素养的深层内涵，树立数据思维和数据意识，丰富数据知识，提升自身数据技能和道德修养，理性地对待数据，综合培养个人的数据素养，以便更好地适应大数据时代发展的需要。

[1] 周涛．为数据而生：大数据创新实践[M]．北京：北京联合出版公司，2016.

一、时代需求下的数据素养

人类社会的历史，既是一部生产和经济发展的历史，又是一部人类自身不断完善、素质和能力不断提高的历史[1]。不同时代特色下对人的素质和能力的要求是不同的。在几千年前的农业经济时代，没有显著的技术，人类生存所能依靠的是自然资源，此时，我们需要的是具备适应自然生活、辛苦耕作、自食其力的能力；在几百年前的工业经济时代，机器生产成为时代发展的特色，因此，需要机器使用能力和技术伦理等方面的素养；在影响巨大的信息技术时代，人类社会快速迎来了第三次信息技术革命，并在数据工具中获取了前所未有的发展机遇；在大数据时代，数据将替代石油、电力等成为最核心的生产资料，以数据为重要驱动力的数据革命正在到来。大数据是与自然资源、人力资源一样重要的战略资源，是一个国家数字主权的体现[2]。

在这样的背景下，就个人而言，数据素养对人的生存与发展具有重要作用。它能使个体更好地认知大数据、提高数据敏感度、增强数据判断能力、提高数据运用能力及丰富思维模式等。对科学工作者来而言，数据密集型研究范式将成为主要的科学研究范式。计算机图灵奖得主吉姆·格雷提出了科学研究的“第四范式”，即以数据密集型计算为基础的科学研究范式。科学家通过数据管理和统计方法分析数据库和文档，从而获得对事物的认识。数据成为驱动社会创新发展、综合竞争的新兴指标，也成为科

---

[1] 刁生富．论信息素养及其培养[J]．自然辩证法研究，2002（11）：77-79.

[2] 李国杰，程学旗．大数据研究：未来科技及经济社会发展的重大战略领域——大数据的研究现状与科学思考[J]．中国科学院院刊，2012（6）：647-657.

研人员研究和利用的最主要的对象，一个以数据为核心的新型科研范式正逐步形成，“也标示着未来的科研流程将建立在数据基础之上”[1]，进而也决定了科研人员对数据的操作能力将成为其必备的素养。就企业而言，数据素养成为企业创新能力提升与可持续发展的重要依托，成为大数据时代企业脱颖而出、占领市场的重要技能。就国家而言，数据素养将成为评价国民综合素质的一项重要指标，成为一国数据发展水平、创新发展能力与国际竞争力的重要评比因素。可以说，数据素养已经成为个人、企业与国家在大数据时代的生存技能。因此，我们有必要了解数据素养的含义与内容，在大数据时代更好地利用“数据”这一“工具”来提高人们的生活水平和促进社会发展。

二、数据素养的含义及其内容

数据素养这一概念的产生是时代发展的产物。用于表示数据素养的术语有很多，有的称其为“数据信息素养”（Data Information Literacy）[2]，有的则叫“科学数据素养”（Science Data Literacy）[3]，还有的称其为“科研数据素养”（Research Data Literacy）[4]。而我们更倾向于使用“数据素

[1] Landau S.Control use of data to protect privacy[J].Science,2015,347(6221):504-506.

[2] Carlson J，Fosmire M，Miller C C，et al. Determining data information literacy needs: a study of students and research faculty[J].Portal－Libraries and the Academy,2011,11(2):629-657.

[3] Qin J, D'Ignazio J.Lessons learned from a two-year experience in science data literacy education [EB/OL]. http://docs.lib. purdue. edu/cgi/viewcontent.cgi?article =1009&context = iatul/2010, 2015-9-7.

[4] Schneider R.Research data literacy[C]// Kurbanoglu S,Grassian E,Mizrachi D,et al.Worldwide commonalities and challenges in information literacy research and practice[M]. Switzerland: Springer International Publishing,2013:134-140.

养”，因为数据素养表述涉及的面更广、局限性更小。关于数据素养的定义，不同学者从不同的角度提出了自己独特的见解。Stevenson 和 Caravello 将数据素养定义为：找到、评价和有效合理使用信息的能力[1]。Calzada 等认为：数据素养促使个体能够获取、解释、评估、管理、处理和合理利用数据[2]。孟祥保等人认为数据素养重在具有“数据”意识，具备数据基本知识与技能，能够利用数据资源发现问题、分析问题与解决问题[3]。沈婷婷则认为：数据素养就是对数据的“听、说、读、写”的能力，也是对数据的理解、交流、获取、运用的能力，同时也要具备批判性的思维[4]。通过对数据素养相关定义的归纳整理，其被公众认可的主要有数据意识、数据技能和数据伦理，而我们认为，数据素养是指个体具备数据思维、数据意识与数据知识，在不违背数据伦理道德规范的基础上理性地获取、分析、处理、利用和共享数据的能力。

从上述定义可以看出，数据素养是一个相对系统化的概念，它涉及不同领域的各个方面，包含数据思维、数据意识、数据知识、数据技能、道德修养和数据理性六个方面，其内容是更为全面的。换言之，在数据爆炸式增长的大数据时代，个人及科学研究者要具备数据思维观念，提高个人数据意识，以迎接大数据时代；同时，也要丰富自身知识，提高自身数据技能，培育数据理性来提高自身对数据的辨别能力；另外，应在道德准则的约束下提高数据的安全性和可靠性，让数据更好地为人类社会服务。

---

[1] Stephenson E,Caravello P S.Incorporating Data Literacy into Undergraduate Information Literacy Programs In the Social Sciences:A Pilot Project[J].Reference Services Review,2007,35(4):525-540.

[2] Calzada P J,Marzal M.Incorporating data literacy into information literacy programs: core competencies and contents[J]. Libri: International Journal of Libraries and Information Services，2013,63(2):123-134.

[3] 孟祥保，李爱国．国外高校图书馆科学数据素养教育研究[J]．大学图书馆学报，2014（3）：11-16.

[4] 沈婷婷．数据素养及其对科学数据管理的影响[J]．图书馆论坛，2015（1）：68-73.

三、综合培育提升个人数据素养

（一）树立数据思维：正视数据影响

数据思维是数据素养的核心。大数据正引起人类生产、生活和思维的重大变革，而大数据首要带来的便是对人类的思维模式的冲击。大数据思维主要包括整体性思维、容错性思维和相关性思维。整体性思维要求我们注重的是“全数据而非样本”。容错性思维追求的是“混杂性而非精确性”，如 Google 的翻译系统尽管其输入源很混乱，但也正是由于其允许混乱的存在，较其他翻译系统而言，它的翻译质量是最好的，而且翻译的内容也更多。大数据思维最核心的是相关性思维，它要求我们更加关注事物的相关性而不是因果性。沃尔玛所谓“啤酒—尿布”的成功销售便是实证，这一案例已成为商界经典，引来许多企业的学习和模仿。这三种思维模式的成功实践，无疑对通过追求因果性、精确性和样本抽样方法来把握事物相互关系的传统思维产生巨大的冲击。

爱因斯坦曾说道：思维世界的发展，在某种意义上来说，就是对惊奇的不断摆脱。数据使整个世界变大，只有解放我们的思想，宽阔我们的思维领域，才能更好地接受新颖的事物，不被固有的思维模式禁锢。因此，必须注重培育大数据思维：培育全局视野，整体把握事物间的关联性；接受事物的混乱性，树立接受混乱的目的是以否定混乱为前提，最终消除混乱而达到精确的思维观念；注重以因果思维为研究根基，以相关思维为研究导向。此外，还要培养大数据互补思维：整体兼顾部分、量化整合质化和因果强调相关，在互补中实现大数据思维的超越。

（二）提高数据意识：认知数据价值

数据意识是数据素养的先导。数据意识包括数据主体意识、数据生存意识、数据获取意识、数据共享与安全意识、数据更新意识、数据人才意识和数据伦理意识。个人是否具有数据意识，直接决定了他对数据的敏感性，决定了他对数据的洞察力和判断力，决定了他能否迅速地发现数据的价值，从而对数据进行收集、存储、处理和共享，进而挖掘数据的价值。大数据研究在我国正处于初级发展阶段，人们对数据的保护意识和保护能力都比较弱，最终导致数据泄露事件时有发生。例如，2016 年 12 月，由国家电网推出的掌上电力、电 e 宝 App 出现数据泄露，涉及用户规模已经超过千万级，而且部分数据可能已经流入“黑产”，危害持续扩大。再如，国家互联网应急中心发布信息：网易邮箱的用户数据库遭到泄露，这导致许多使用该邮箱进行支付宝注册或苹果 ID 注册的用户面临着用户密码被重置修改的风险。对学生而言，他们在数据获取、共享、安全及伦理方面的意识普遍薄弱，导致其对数据的敏感度降低，更难以挖掘数据的价值。以上说明，目前国家、企业和个人对数据保护和安全防范的意识非常薄弱。

数据意识是个体在大数据时代生存和发展的必要能力之一，也是衡量个体是否具有数据素养的重要指标。因此，为了进一步提高个体的数据意识，需在社会营造一种重视数据、收集数据、使用数据和共享数据的社会文化氛围。同时还要利用新旧媒体的力量，在社会广泛地进行宣传和教育，使人们意识到数据的重要价值，意识到数据对我们生存和发展的必要性，切实提高人们的数据意识。此外，学校也要通过不同的教学平台加强学生数据素养教育，为培养其数据意识奠定良好的基础。

（三）丰富知识含量：辨明数据是非

数据知识是数据素养的基础和前提。在大数据时代，数据具有不同的结构和类型，虚拟空间的匿名性特点为数据谣言的传播提供了便利条件，且由于利益的诱导而异化出来的“网络数据水军”人物的存在，进一步加速数据谣言的广泛传播。这些数据谣言许多都是假数据，但没有经过专业的数据素养培训从而拥有过硬数据知识的人是难以辨别的。尤其是对学生而言，他们对学科的科学数据平台了解甚少，数据搜索知识欠缺，元数据基础知识薄弱，学生数据获取能力和数据利用水平受到限制，使得他们对混杂数据、虚假数据的辨别力降低。

辨别数据的有效性需要我们具备扎实和广域的数据知识。为此，要加快数据教育平台等基础设施建设，通过不同的途径对人们进行数据知识的教育，丰富人们的数据知识，辨别数据是非。首先，加快建设统一的数据资源服务平台，实现资源的集中开放与共享，提高资源的利用效率。其次，学校应加强学科专业知识教育，采取多样化教学模式提高学生的学科知识素养。再次，进行跨学科整合知识教育。数据素养的培养是一个系统性的工程，涉及多个学科的知识，只有具备跨学科系统知识的人才能更好地适应大数据时代的生存。另外，充分利用微信、微博等自媒体传播数据知识与文化，增强学生学习的参与度和接受度。最后，加强在线教育、社区教育和虚拟教育，打破知识传授和学习的时空，使从学生到全体公民都能够接受数据知识教育，丰富自身的数据知识储备，为他们成为一名大数据时代的“数据公民”奠定良好的基础，最终形成以传授数据基本知识为基础，培养数据意识为先导，数据伦理道德为总则的动态的、开放的课程结构体系，使学生的知识系统化和结构化。

（四）增强数据技能：适应数据时代

数据技能是数据素养的关键。数据技能是数据素养所应具备能力中最重要的一个能力。数据技能主要是指数据的获取、存储、处理、利用、评价、共享和再创造的能力。在数据爆炸式增长的今天，数据不仅是单纯的数字记录、图片和视频等，也不仅是供我们查询之用，数据背后蕴藏着丰富的价值，挖掘其价值正是我们追求的目标。而要想真正挖掘出数据背后的价值，数据技能的掌握成了关键和保证。尤其是在科学研究领域，若研究者缺乏数据处理、分析和再创造的能力，则极大地阻碍了其挖掘数据价值、创造科学财富并更好地造福人类。目前，数据世界中充斥着大量半结构化和非结构化数据，如图片、视频、音频等，它们不仅系统性较低，而且增长快速，传统的数据分析范式难以对其进行解释，新的数据分析范式仍然未有较为统一及有效的标准，数据分析更多地停留在表面，可利用价值较差，更多的“数据宝藏”尚未被发掘。

在大数据时代，数据技能日益显示出其对人类生存和发展的重要作用，也成为数据宝藏挖掘的关键要素。因此，学校应以必修课或选修课的形式并结合各学科的特点开设相应的数据课程，增强学生各方面的能力。首先，使学生掌握相应的数据检索途径、方法和策略；同时，加强学生对数据存储、通过 SPSS 等统计软件对数据进行分析统计等的实践能力，增强学生对数据的敏感性，提高学生的实操能力；此外，还应加强学生的实践体验，通过开展数据挖掘竞赛和游戏等活动，鼓励学生开发新工具，推动人文与社会科学研究进行大规模的数据分析及开发研究。

（五）提升道德修养：引导数据走向

数据伦理是数据素养的基本准则和行为规范，个人需要提升道德修养来引导数据的走向。在大数据环境下，各种智能设备监控着我们的一切行为，我们正生活在一个透明化时代里，裸露在“第三只眼”的监视中，个人的隐私极易暴露。由于数据背后蕴藏着丰富的价值，数据在给企业带来利益的同时，出于功利的诱惑极易出现隐私泄露和数据安全问题。例如，cookie 是每一个网站存储在用户浏览器的小文本数据包，每当用户访问网站时，数据就会传输到该网站，帮助网站识别使用者的身份，也方便程序化广告推送给目标用户相关的信息资源，这使得在毫不知情的情况下我们的数据就被大数据企业收集，我们的行为就暴露得一览无余。这对个人和企业所造成的影响都是不可估量的。

在大数据时代，保护用户的隐私就是使用和发展大数据。因此，如何更好地引导数据的价值走向，成为亟待解决的问题。国家应制定相应的隐私保护制度，规范数据管理和使用，加大责任问责力度，把责任落实到数据使用者上；企业应加强责任意识，正确处理好数据经济发展与个人隐私保护的关系，遵守数据伦理底线，保护个人隐私；个人要树立法制观念，增强数据安全意识，关键是要提升自身数据道德修养，做到道德自律，合理准确地利用数据。

（六）预防数据崇拜：避免盲目愚昧

预防数据崇拜是数据素养的理性品格。从纵向来看，人类发展的不同历史时期，都必然出现一个“权威”来指引人类的思考与发展。在古代，由于科技的极度缺乏，人们难以解释生活中的现象，宗教便成了一种权威，为人们所崇拜，甚至到今天依然存在。文艺复兴后，人本主义逐渐发展起来，人类便成为自身的绝对权威；随着科技的发展，科学成功地取代人类成为新的权威。而在信息技术高度发达的今天，由技术支撑发展起来的数据逐渐成为一种权威。因为基于大数据的分析我们能够预测未来，自己能够把控生活，而不是被生活所掌控。对数据的崇拜最早出现在商业领域，全球的零售龙头沃尔玛将啤酒和尿布放在一起成功提高销售额便证实了这一点。后来这种崇拜逐步蔓延到生活的各个领域。随着数据的重要性和影响力的不断扩大，人们对数据的依赖性愈演愈烈，出现了过度崇拜数据的现象。现今过多的计步软件和心率监测软件便是实证。甚至有人提出“除了上帝，其他一切都要用数据说话”的盲目崇拜观念，唯数据主义的“数据独裁”逐渐凸显，数据逐渐演化为人们的“宗教”，甚至是“精神鸦片”。数据一旦成了人类的“精神鸦片”，人类完全依赖于数据，则我们的命运会掌握在少数人的手里，数据必将成为奴役人的工具。

数据在各个方面确实发挥了重要作用，尤其是在商业领域提高销售方面起到了不可或缺的作用。但我们也需要从思维层面认识到大数据也有它自身的局限性：认知上会出现全数据模式的错识；量化上会导致工具与价值的冲突；预测方面容易使人类自由权利受到限制；相关性思维运用方面容易出现对相关性的过度崇拜等问题。除此之外，我们也要清晰地认识到，正如众多技术发明一样，数据本身和数据技术是由人创造出来的，其并不能完全超越人类自身甚至凌驾于人类之上。数据资源和数据技术只是一种工具，是为更好地促进社会的发展和人的自由全面发展所服务的。因此，我们必须要时刻警惕数据崇拜的危险，防止数据发展成奴役人的工具。

第十二章

社会：构建综合治理体系

随着新一代信息技术，尤其是移动互联网、物联网、大数据、云计算和智能终端、视频监控等的快速发展和广泛普及，世界正在变成了一个数据化的世界，我们被急速推入大数据时代。每个时代都有自己的特点，每个时代也都有属于自己的问题——问题是时代的呐喊，问题也是我们前行的始点。我们在高歌大数据的美好的同时，也不得不面临其带来的问题。正如马克思所说："问题就是公开的、无畏的、左右一切个人的时代声音。问题就是时代的口号，是它表现自己精神状态的最实际的呼声。"[1]

[1] 中共中央编译局．马克思恩格斯全集：第 40 卷[M]．北京：人民出版社，1982：289-290.

一、大数据的社会问题

大数据是21世纪的关键资源，新时代的“金矿”，具有重要应用价值，对人们的工作、生活、学习及思维方式等诸多方面都将产生深刻的影响。但大数据也是一把双刃剑，也不可避免地带来新的社会问题。

（一）数据鸿沟

在大数据时代，由于经济、政治、文化、技术等方面的原因，新的数字鸿沟——数据鸿沟正在进一步扩大。“数据鸿沟是一种技术鸿沟（Technological Divide），即先进技术的成果不能为人公平分享，于是造成‘富者越富，穷者越穷’的情况。”[1]国家、地区、领域、群体和个人等因素的不同，应用大数据技术的程度也有很大差异；同时，城乡、区域和行业的大数据技术水平的“鸿沟”有扩大趋势。如今，如果数据被某一企业或组织垄断或引领，不但不能给人带来“解放”，反而有可能成为欺负数据穷人的工具。

（二）数据暴力

当前，数据的生产者与使用者彼此分离、相互分开，只有很少“精英”掌握大数据技术，很容易导致“数据暴力”。维克托·迈尔-舍恩伯格指出：“我们冒险把犯罪的定罪权放在了数据手中，借以表明我们对数据和我们的分析结果的崇尚，但是这实际上是一种滥用。”[2]比如，阿里巴巴、腾讯

[1] 邱仁宗，黄雯，翟晓梅．大数据技术的伦理问题[J]．科学与社会，2014（1）：36-48.

[2]［英］维克托·迈尔-舍恩伯格，肯尼思·库克耶．大数据时代[M]．盛杨燕，周涛，译．杭州：浙江人民出版社，2013：221.

和百度三大互联网公司能主导国内的大片经济市场领域，因为这三家公司拥有大量消费者的社会轨迹数据，储存着数亿客户的身份资料、位置地位、上网痕迹等数据。一旦诸如此类大数据公司出现“失控”，失去社会责任担当，将产生较为严重的“数据暴力”，也将极大影响社会稳定。另外，数据挖掘“功利主义”色彩浓艳，经济人味道浓厚，数据暴力也成为数据的异化表现。对个人而言，通过分析个人数据，我们得以了解关于这个人的所有数据，即他的过去、现在和未来，大数据破坏了人的“意志自由”，使得“浪子回头金不换”成为一句空谈。对历史而言，人类的历史不再具有任何的偶然性，一切都是事先可知的，通过对数据重组、分析所呈现出的未来则不再仅仅只是众多可能中的一个，而就是现实。整个人类社会的发展方向掌握在少数掌控大数据的人手中，数据“先知”之人即为掌握社会发展的舵手。

（三）隐私侵犯

如今，数据开放、共享已成为时代的主旋律。但我们既要通过数据开放获取利益，又要在数据开放过程中保障数据安全与隐私。最近研究显示，截至 2017 年 12 月，中国网民规模达 7.72 亿人，手机网民规模达 7.53 亿人[1]。巨大、丰富的数据，包含着网民的众多隐私信息。而在大数据笼罩下，我们经常处于“第三只眼”“老大哥”的监视下，几乎不再有隐私，成为透明人、原始人；我们似乎都在裸奔，找不到任何一片树叶为我们遮羞。这有可能严重破坏个人的隐私权和自由权，引发社会对隐私的严重担忧，并且隐私数据泄露造成的损失往往是很难挽回的，这更增加了人们的忧虑感。对隐私的穿透力不仅仅是‘1+1=2’的，很多时候，是大于 2 的[2]。保护隐私是对人性自由的尊重，是一项基本的社会道德伦理要求，也是人

---

[1] 中国互联网络信息中心.第 41 次《中国互联网络发展状况统计报告》[EB/OL]. http://www.cnnic.net.cn/ hlwfzyj/ hlwxzbg/hlwtjbg/ 201801/P020180131509544165973.pdf，2018-1-31

[2] 涂子沛．大数据[M]．桂林：广西师范大学出版社，2012：162.

类文明进步的一个标志——我们不得不重视大数据对隐私构成的威胁这一重要社会问题。

（四）数据犯罪

在大数据技术的霓虹灯下，数据犯罪体现在很多方面。对个人而言，社会不良分子通过数据收集、挖掘、分析和预测，易于实施犯罪——2016年引发舆论轰动的徐玉玉案便是一个典型的例子。对政府而言，少数对政府怀有不满情绪和敌对态度的不法分子利用大数据支撑的网络平台对政府网站进行攻击和破坏，从而使政府的网站陷入瘫痪状态。近年来，国内外一些政府网站被黑客攻击，被贴上反动标语。2017年5月的“索勒病毒”席卷全球，造成了欧洲大部分政府网站瘫痪的严重后果。对社会而言，不法分子利用大数据搜集政府的各种不宜公开的信息或者机密文件，并向社会公布和传播，唯恐天下不乱，制造恐慌，破坏世界和平。另外，一旦恐怖主义、分裂主义、反人类分子进行大数据犯罪，将直接威胁到世界的和平与稳定、国家的安全与繁荣、民族的兴盛与福祉。然而，大数据本身具有一定的技术特性，政府部门面对一些数据犯罪问题时，目前的技术支撑能力还有所缺失，这进一步加大了政府对数据犯罪进行治理的难度。

（五）数据污染

大数据时代，数据垃圾上升的趋势要比有价值数据的上升趋势要快得多。例如，网络聊天平台、微信、微博、博客等，每时每刻在制造、积聚数据垃圾。这些数据垃圾毫无疑问将会导致数据污染。如何处置数据污染，如何缓解数据污染带来的精神压迫感，如何建构良性运行的大数据生态系统，这些都是必须面对的社会问题。大数据是人类社会的一大进步，为人类带来了极大的解放感和获得感，提高了“人之为人”的能力。但是，我们不要过分陶醉于人类对自然界的胜利。对于每一次这样的胜利，自然界最终都会对我们进行报复。每一次胜利，在第一线都确实取得了我们预期的结果，但是在第二线和第三线却有了完全不同的、出乎预料的影响，它常常把第一个结果重新消除[1]。大数据必然伴随着有序与无序、有益与有害、清洁与污染。比如，同一个视频、文档等数据，在同一个平台多次上传，或在不同的平台进行展示（视频上传到土豆、爱奇艺等；文档上传到百度文库、新浪爱问、360 图书馆等），大量的重复数据，既给人获取方便的释然感，又给人“乱花渐欲迷人眼”的眩晕感。另外，同一主题数据的矛盾解读，导致很多数据有用却无法用，因而出现数据相对匮乏的现象。因此，随着大数据的发展，使用的边际成本增加，“鱼龙混杂”的数据环境也会使数据的可信度降低，数据污染也将给人类经济社会发展造成巨大损失。明天绝不是昨天的简单重复，但昨天是明天的衣冠镜。这面镜子是不是在提醒我们应该具有超前意识，及早认识和预防新的更复杂更隐蔽的污染形式的出现呢[2]？

（六）数据崇拜

马克思说：“人们奋斗所争取的一切，都同他们的利益有关。”[3]数据挖掘给个人、组织和社会带来的巨大利益是引发数据盲目崇拜的重要因素。沃尔玛通过将啤酒和尿布放在同一区域售卖，获得了很好的销售效果，成为商界经典，引来不少企业学习和模仿。数据中所蕴含的预知力量令其迅速发展，星火燎原，“燃烧”到各个领域。大数据成为新时代的“图腾”，每个人都可能成为数据的忠实信徒，在社会上逐渐形成了数据崇拜的景象，蔚为壮观。然而，那些尝到大数据益处的人，因利益驱使可能把大数据运用到它不适合的领域，而且可能会过分依赖大数据分析结果。随着大数据预测的改进，我们越来越想从大数据中掘金，最终

---

[1] 恩格斯．自然辩证法[M]．北京：人民出版社，1984：304-305.

[2] 刁生富．试论网络空间的社会问题与社会控制[J]．佛山科学技术学院学报（社会科学版），2001（3）：21-28.

[3] 中共中央编译局．马克思恩格斯全集：第 1 卷[M]．北京：人民出版社，1979：82.

导致一种盲目崇拜，毕竟它是如此无所不能。大数据量化一切，人类却成为数据的附庸。因此，无论是整个人类还是具体的个人，都要警惕过度的数据崇拜，避免“人被约束于此，被一股力量安排着、控制着，这股力量在技术的本质中显现出来，但同时是人所不能控制的力量”[1]。三分钟不看手机，会有一种强烈的焦虑感；办公室电脑突然断网，会有一种茫然失措感；“我是复制过来的，不会有错”……现在人类凭借对科技的掌握，早已成为地球上最强大的物种，但深植于 DNA 中的对“功利”“超脱”“期待”的寻求，仍然促使人类不断地寻找所需的力量，大数据坐上了一些人的心灵神坛。

（七）网络数字遗产

网络数字遗产问题是新的伦理问题，也就是指我们离开人世之后，我们的 QQ、微信、微博、论坛等账号留给谁；死去的“我”的秘密能不能被揭秘；谁能继承“故人”这类与数据有关的遗产的一系列问题。2016 年 QQ 账号可不可作为遗产继承的大讨论，就说明这一问题已凸显为一个现实问题。近年来，流行的“完美世界”“王者荣耀”等网络游戏使许多网友都对自己的游戏账号付出了大量的金钱、精力和心血，游戏账号能否作为遗产继承？在国外，已出现网络数字遗产的案件。一些知名网站如 hotmail，如果能证明用户已去世，并且和用户有亲属关系，家属便可以继承其账号等虚拟财产。另外，在美国出现了“数字遗产守护者”网站，将个人资料发送到该网站后，如果长时间没有登录，其绑定的亲属账号会收到一封邮件，亲属可以登录网站，并重新登录该账号，继承死者的网上资料。据悉，我国目前还没有出台明确保护虚拟财产的法律法规，也没有将数据财产纳入遗产行列。网络数字遗产问题虽然不像前几个列举的问题显得“迫切”，但随着大数据的发展，网络数字遗产引起的社会问题也是大

---

[1] [德] 海德格尔. 1966 年答《明镜》记者问[Z]. 外国哲学资料（第五辑），1980：177.

数据时代不得不面对的新问题。

（八）数据冰冷

大数据仅分析“客观数据”，缺少对“主观数据”的关注，忽视人的主体价值，缺乏数据的文化意义，这是大数据的一个缺陷。“智能手机、社交网络、物联网、大数据、云计算、人工智能等新一代信息技术的发展，使智能终端所带来的网络互联的移动化和泛在化、信息处理的集中化和大数据化，以及信息服务的智能化和个性化得以无限地放大与发展。”[1]心灵求知的饥渴感与时代的快节奏总有些冲突，让人无暇顾及太多的内容。大数据之“大”，让人产生焦虑感和失控感。所谓的微信群、QQ群文件，要么收藏要么保存，却很少去看，特别是快节奏的当下，留之不用，“弃”而不“舍”，贪多是人的本性，但贪多的数据却没有显示它的温度，焦虑感、压迫感让人感到大数据的冰冷。大数据还会成倍地放大人性的冰冷弱点。比如，2017年，“蓝鲸”游戏蔓延全球，血性十足，煽动青少年自杀，多起悲剧引起世人对数据的“温度”进行反思。另外，研究表明，面对视频、文档、语音等构成的大数据，人们的生活工作开始出现数据“病症”。由于长期使用计算机、智能手机等大数据设备，许多人出现“鼠标手”“键盘手”“腰椎间盘突出”“肩周炎”等大数据特殊的“身体造型”。这些让我们不得不思考，如何感受大数据的温暖而不是感受大数据的冰冷？如何感受大数据的解放而不是感受大数据的奴役？

---

[1] 李国杰．新一代信息技术发展新趋势[N]．人民日报，2015-8（5）．

二、大数据的社会治理

大数据正改变我们的社会，它既饱含着巨大的人类解放的价值，也蕴含着巨大的人类奴役的风险。然而，因噎废食、削足适履等做法均不是顺应时代潮流的选择，我们需要采取多种措施，特别是构建协同共治的治理体系，加强社会治理创新，以有效化解大数据带来的社会问题。

（一）发展大数据技术

“解铃尚需系铃人”，解决由技术产生的社会问题仍然离不开技术的发展。“科学是一种强有力的工具。怎样用它，究竟会给人类带来幸福还是灾难，完全取决于自己，而不取决于工具。”[1]大数据是数据密集型技术的一种，要对症下药，就要从增强自主防护能力着手。对于因技术不完善或技术发展不足而引起的社会问题，可以通过技术完善或技术的进一步发展来治理或解决。2016 年 6 月宣判的徐玉玉案中的杜某利用黑客技术，侵入“山东省 2016 高考网上报名信息系统”网站，盗窃了 60 多万条山东省高考考生信息。如果加强技术防范，增加安全性，提高黑客入侵的门槛，就可以阻挡黑客入侵，或大大降低成功入侵网站的概率。近些年，比较火热的区块链技术为解决大数据技术引发的社会问题提供了很好的借鉴。另外，区块链因其可信任性、安全性和无法篡改性，可以有效保护个人隐私，推动社会数据海量安全增长。

[1]［美］爱因斯坦．爱因斯坦文集：第 3 卷[M]．北京：商务印书馆，1979：56.

（二）提高数据素养

数据素养是大数据时代人的生存技能，包括数据知识、数据理性、数据技能、道德修养等方面。要最大限度地预防大数据产生的社会问题，就要培养和提高人的数据素养。一是解放思想，适应大数据时代潮流。“一个‘一切都被记录，一切都被分析’的数据化时代的到来，是不可抗拒的，任何一个试图去阻止新时代到来的人，都会成为旧时代的关门人和关灯者。”[1]要具备数据思维观念，提高个人数据意识，以迎接大数据时代。二是改进大数据认识方法。在高度重视大数据思维的同时，还要保持理性，认真对待其存在的局限性，警惕对大数据的过度崇拜，从整体兼顾部分、量化整合质化、因果强调相关的互补中实现大数据思维的超越[2]。三是不断提升大数据技能。大数据技能作为一种高级技能，具有很强的实践应用性。社会管理过程应体现这种实践技能，要在推进智慧城市、“互联网+”等行动中学习或更新大数据技能知识，进一步掌握网络、云计算、大数据等新知识、新业态、新技能。四是加强数据道德修养。在道德准则的约束下提高数据的安全性和可靠性，让数据更好地为人类社会服务。

（三）建立和完善法律

大数据领域不是法外之地，大数据引发的社会问题也必须开展“法治”。首先要进一步完善相关的法律法规。目前，国家已经出台了一系列互联网管理的法律法规。比如，目前国务院及有关部委已公布了《中华人民共和国网络安全法》《互联网信息服务管理办法》《信息网络传播权保护条例》《互联网新闻信息服务管理规定》《互联网新闻信息服务许可管理实施细则》等互联网管理法规。可以说，我们在大数据领域开展“法治”

---

[1] 周涛．为数据而生[M]．北京：北京联合出版公司，2016：10.

[2] 刁生富，姚志颖．论大数据思维的局限性及其超越[J]．自然辩证法研究，2017（5）：91-95.

具有了一定的法律基础。但是，现有的法律法规在整体上还不能满足和适应大数据时代国家治理的需要。正如有专家指出，“目前来讲，我们力图建立的网络相关法律体系并不完整，对于网络环境下个体及服务提供者的权利义务，国家的权力及边界等，在法律层面上还没有清晰的界定，使得执行过程中存在很多漏洞与盲点。”[1]因此，面对大数据带来的海量数据生产和数据传播现象，国家必须进一步完善细化技术标准、数据安全、数据内容、数据传播等方面的法律法规，为大数据运行划定活动范围和界限。在完善和细化相关的法律法规之后，还要依据法律法规对利用大数据从事违法犯罪的行为进行严厉打击，在全社会形成威慑力，防止大数据犯罪现象的扩散和加剧。

（四）加强道德建设

对于发展大数据技术及完善和细化法律无法解决的社会问题，发挥道德的约束作用显得更为重要。一是加强对数据使用者的德治即道德教育，使数据使用者具有良好的道德意识。数据使用者只有形成良好的道德意识，在面对大数据资源时，他们才会控制自己的鼠标和键盘，从中获取正当的数据资源和发布正当的信息。二是加强道德引导，重视道德自律。利益是道德的基础，道德就是处理各种利益关系的准则或规范[2]。应对大数据造成的道德越界现象，既要处理好各种利益关系，更要把伦理规范内化为主体内在自律的道德力量。三是加强对数据客体环境的净化，建设“清朗”数据文化。在数据文化建设的过程中，应重视数据文化内容建设，重视经济价值和社会效益结合，生产优秀的数据文化产品，以满足人民的精神文化需求。

[1] 杨冬梅．大数据时代政府智慧治理面临的挑战及对策研究[J]．理论探讨，2015（2）：163-166.

[2] 魏长领．道德信仰危机的表现、社会根源及其扭转[J]．河南师范大学学报：哲学社会科版，2004（1）：96-100.

（五）注入人文关怀

大数据带领我们走向一个新的世界。但是，大数据不是万能解药，能不能用好大数据，核心还在于人、使用技术、社会环境和数据自身的结构等因素。大数据不是冷冰冰的数字，它需要思想，需要回归到人性，需要洞察，需要以人为本。“任何解放都是使人的世界（各种关系）回归于人自身。”[1]只有将大数据回归到人，大数据的价值才真正地得以释放，大数据带来的社会问题才能真正得到解决。一是要坚持全面自由发展。“所谓自由，众所周知，就是能够按照自己的意志进行的行为。但是，一个人的行为之所以能够按照自己的意志进行，显然因为不存在按照自己意志进行的障碍。”[2]应坚持以人自身的全面发展为目的，培养个人对人类社会生存和发展承担义务的责任意识，自觉以全人类的全面而自由的发展及文明繁荣为己任。二是坚持增加人的彼此共同存在性。“此在的世界是共同的世界，‘在之中’就是与他人共同存在。他人的世界之内的自在存在就是共同此在。”[3]发展大数据体现了“己所不欲勿施于人”，体现了共同的人文与“共在”。三是坚持高扬人的主体地位。在发展大数据技术中始终坚持以人为本，超越技术层面，把人文关怀注入大数据技术发展中，处理好人与大数据、价值理性与工具理性之间的关系，尤其要把科学精神和人文精神有机结合起来，“把技术的物质奇迹和人性的精神需要平衡起来”[4]，彰显大数据的温度。

（六）协同共治

大数据的社会治理不是仅仅依靠一种手段就能够实现，大数据的治理

[1] 中共中央编译局．马克思恩格斯文集：第 1 卷[M]．北京：人民出版社，2009：46.

[2] 王海明．伦理学原理[M]．北京：北京大学出版社，2009：242.

[3] ［德］海德格尔．存在与时间[M]．陈嘉映，译．上海：三联书店，1987：138.

[4] ［美］约翰・奈斯比特．大趋势——改变我们生活的十个方面[M]．北京：中国社会科学出版社，1984：39.

是一个系统工程，不仅需要数据修养的提高、法律建立的完善、道德伦理的“自律”及人文关怀的注入，还需协调好治理主体、治理手段、治理对象、治理载体等所有方面，特别是发挥政府治理主体的作用。一是政府要建立健全大数据应用机制。在面对大数据带来的数据污染、数据暴力、数据崇拜、隐私权侵犯等社会问题时，要在机制的基础上强化数据治理，通过改善数据沉淀、数据清洗等方式解决大数据发展中的问题。面对分散化、条块式的部门数据，加强数据协同。二是发挥企业创新作用。企业应积极参与社会问题治理，不断创新技术，履行社会责任，兼顾社会利益与经济利益。比如，企业积极响应政府政策，沉淀历史数据，逐渐打通数据库中交互、行为数据，破解个性化、定制化、互动性等数据类型难题，达到既满足盈利需求，又满足社会、情感、生活需求的目的。三是发挥大数据社会组织的专业学术及技术作用。积极引导社会组织开展研究数据鸿沟、数据犯罪、数据安全等社会问题的学术活动，共同探讨大数据引发的社会问题治理之道。譬如，2017 年 5 月 27 日，在贵阳举办的 2017 数博会“大数据护航平安中国论坛”“数据经济安全共荣——数据安全产业实践高峰论坛”，对大数据带来的安全、鸿沟等问题做了深刻的探讨，对于有效治理大数据带来的社会问题，具有重要意义。

第十三章

解放：消解大数据时代人的奴役

伴随互联网、物联网、云计算、移动终端等新一代信息技术的迅猛发展、全面集成和快速普及，数据呈现出指数级爆发式增长态势并被广泛应用于各行业、各领域的方方面面，人类社会正在经历一场由大数据引发的革命，并由此快速步入大数据时代。在这个以数据为重要资源的时代，拥有数据的规模、活性，以及收集、运用数据的能力，将决定企业和政府的核心竞争力。可以说，大数据技术，如同历史上所有的重大技术一样，是人类在通往解放的征程中“起推动作用的革命的”力量。然而，大数据技术也如同普罗米修斯盗得的圣火，一方面给人间带来温暖和光明，另一方面也有可能使自身被奴役甚至使人葬身火海。今天，在如火如荼的大数据热浪中，反思其可能带来的新奴役，绝不是像唐吉坷德那样希望螳臂当车，更不是像路德分子那样因害怕失业而到处捣毁机器，而是为了更理性看待和合理应用大数据技术，更有效消解其可能带来的新奴役，以探寻人类在大数据时代的解放之路。

一、大数据时代奴役的问题表征

（一）“历史轨迹”被挖掘

1. 信息搜集的遮蔽

大数据时代，人们日常生活被数据量化，由于数据的繁杂性、技术的局限性和人的辨识与判断能力的有限性，很容易产生误判，甚至迷失于数据洪流中，“数据挖掘”也容易失去方向。“之所以称之为挖掘，是比喻在海量数据中寻找知识就像开矿掘金一样困难。”[1]认定数据的存在，掌握挖掘的方法，确立分析的规范，跨越碎片化的阶段对海量数据进行深入挖掘、分析、关联和思考，从而获得对复杂事物的系统认知，是追求数据本来意义即反映现实的意义的终极目的。然而，数据的模糊性和爆炸性增长使得数据难以成为思考的依据，从中不能准确“提取”客观现实的真实反映，因此“碎片化”认知就会歪曲事物的本来面目，降低数据的说服力，甚至可能得出错误的结论。

2. 遗忘权利的剥夺

大数据时代，各种技术和工具的跟踪、凝视让我们无处可逃，被“全面记忆”。英国学者维克托·迈尔-舍恩伯格教授认为，数字化记忆具有三个特征：可访问性、持久性、全面性。完整的数字化记忆改变了原有的历史生成，损害了人判断和及时行动的能力，让我们无助地徘徊在两个同样让人不安的选择之间：是选择永久的过去，还是被忽视的现在。新一代信

[1] 涂子沛．大数据[M]．桂林：广西师范大学出版社，2013：98.

息技术已经让社会丧失了遗忘的能力，取而代之的则是完整的记忆。我们需要“删除”记忆，需要“宽恕”过去，不想铭记那些“不美好”，但信息记录与保存不断消解着“遗忘”，“我们成了一台巨大的回头看的机器”[1]，“往事正向刺青一样刻在我们的数字皮肤上，遗忘已经变成例外，而记忆却成常态”[2]。

3．数据所有权的侵犯

大数据技术的成果往往也不为数据搜集者和使用者享用和占有，只有在大数据生产者、搜集者和使用者是同一群体的状况下，他们才能真正地占有和享有大数据技术成果；然而数据的生产者、搜集者与使用者常常是相互分离的，我们留下的数据，都流入大数据使用者手中。同时，目前只有少数人掌握了处理复杂海量数据的技术，即真正能够占有和享有大数据技术成果的是少部分人，绝大多数人只能处于被利用和被挖掘的状态——这意味着“数据暴力”的概率增加。数据的所有权、知情权、采集权、保存权、使用权及隐私权等，是每个公民在大数据时代新的权利，这些权利的滥用必然引发新的伦理危机。正如美国学者 N.M.理查茨提出的大数据权力悖论，即大数据是改造社会的强大力量，但这种力量的发挥是以牺牲个人权利为代价的，而让各大权利实体（服务商或政府）独享特权，大数据利益的天平倾向于对个人数据拥有控制权的机构[3]。

（二）“行动轨迹”被监控

1．身体上的“圆形监狱”

在大数据时代，B 超、CT 等透视着我们的身体，智能手机定位着我们的四维，车票记录着我们的迁徙路线，卫星环绕在我们上空，摄像头拍

[1]［美］纳西姆·尼古拉斯·塔勒布．黑天鹅[M]．万丹，刘宁，译．北京：北京中信出版社，2011：11.

[2]［美］维克托·迈尔-舍恩伯格．删除——大数据取舍之道[M]．袁杰，译．杭州：浙江人民出版社，2013：21.

[3] Richards N M, King J H. Three paradoxes of Big Data[EB/OL]. Stanford Law Review online, https://www.stanfordlawreview.org/online/privacy-and-big- data-three-paradoxes-of-big-data/, 2013-9-3.

摄着我们的一举一动……我们陷入了"圆形监狱"。英国哲学家杰里米·边沁把"圆形监狱"描述为"一种新形式的通用力量"。这样的设计使得处在中央塔楼的监视者可以便利地观察囚室里罪犯的一举一动。当你意识到自己赤裸地暴露于"圆形监狱"的监控中时，一种毫无自由的被奴役的感觉是否会从内心深处升腾而起？正如英国左翼作家乔治·奥维尔在《一九八四》中所描述的那样："无论你是睡着还是醒着，在工作还是在吃饭，在室内还是在户外，在澡盆还是在床上——没有躲避的地方。除你脑壳里的几个立方厘米之外，没有任何东西是属于你自己的。"[1]

2．心理上的"第三只眼"

普布·洛桑然巴在其著作《第三只眼睛》里，描写了主人公前额长着第三只眼睛，通过这只眼睛能洞穿人的心理、预知未来，如今第三只眼则表示对人一切活动的监视，特别是对人内心微妙变化的透视。大数据时代最令人焦虑的挑战，是对个人隐私的侵犯。如今，"第三只眼""老大哥""棱镜计划"弥漫于社会。保护隐私是对人性自由和尊严的尊重，是一项基本的社会伦理要求，也是人类文明进步的标志，但技术的发展大大增强了信息系统采集、检索、重组和传播所有信息的能力。"我们时刻都暴露在'第三只眼'之下，无论我们是在用信用卡支付、打电话还是使用身份证。"[2]在大数据时代疾驰的车轮下，人类陷入了无隐私、无自由、受奴役的泥沼。

（三）"未来倾向"被预测

1．科学读心术

众所周知，"大数据的核心是预测"[3]，通过全数据模式分析"你"的

---

[1] [英] 乔治·奥维尔．一九八四[M]．刘绍铭，译．上海：上海世界图书出版公司，2013：30．

[2] [英] 维克托·迈尔-舍恩伯格，肯尼思·库克耶．大数据时代[M]．盛杨燕，周涛，译．杭州：浙江人民出版社，2013：8.

[3] [英] 维克托·迈尔-舍恩伯格，肯尼思·库克耶．大数据时代[M]．盛杨燕，周涛，译．杭州：浙江人民出版社，2013：16.

过去，预测“你”的未来。“针对过去，揭示规律；面对未来，预测趋势”[1]，人具有科学读心术的“超能力”。《爆发：大数据时代预见未来的新思维》一书的作者艾伯特-拉斯洛·巴拉巴西认为，爆发的世界里没有黑天鹅，人类 93%的行为可以预测，“无情的统计规律使得异类根本不存在，我们的行踪都深受规律影响”[2]。我们持续自觉与不自觉地生产着数据，而生产出来的数据不断地被二次利用，这就完全有可能导致我们的透明化，一言一行都在他人的透视、预测中。

2．信息茧房

大数据时代，交互、开放、个体、多元、破碎、解构……从信息技术到传播内容，从黑客高手到网民草根，甚至是我们根深蒂固的文化，我们所能感知的一切都在印证着辩证法——一切都在变化，唯一不变的就是变化本身。在这个多变的时代，等级秩序弱化，精神被空前释放，信息被自由获取，人人成了大数据时代的“牛仔”，人人都可成为追寻自由的“英雄”。然而，自由本身，却正在成为另一道枷锁。尽管我们是有史以来的信息最富有者，但同时也是最贫困者——我们只关注自己关心的话题，我们置身于信息茧房中，陷入了信息崇拜中。“数字化的技术造就了一群异化了的、迷失方向的‘e 代人’或‘网络人’”[3]，我们看似自由，但却受困于茧房之中。

（四）深陷“人文迷失”

1．信息过载

大数据的霓虹灯下有令人欢欣鼓舞的释放感，也有令人眼花缭乱的奴

[1] 涂子沛．大数据——正在到来的数据革命[M]．桂林：广西师范大学出版社，2013：99.

[2]［美］艾伯特-拉斯洛·巴拉巴西．爆发：大数据时代预见未来的新思维[M]．马慧，译．北京：中国人民大学出版社，2012：217.

[3] 徐瑞萍．信息崇拜论[J]．学术研究，2007（6）：37.

役感。一是数据过载。随着大数据技术，特别是微信技术的发展，人际关系的复杂度也在急剧扩大，“人际过载”的社会问题随之凸显起来。朋友圈人数过多过杂，但裂变式的传播让人三思而后行，人们逐渐不敢说真话或者仅仅转发“心理鸡汤”或“鸡毛蒜皮”，有的甚至只“刷”不“发”、沉默是金。朋友的圈（quan），变成了朋友的圈（juan）。二是内容过载。闲暇是人获得解放的最基本条件。时间实际上是人的积极存在，它不仅是人生命的尺度，而且是人发展的空间。但信息狂潮挤占了人们的时间，阻碍了人们的思考，侵蚀了人们对意义的容纳能力。脆弱不堪的时尚挤掉了内容的深度，深入持久的理性执着让位于快节奏的态度转化。“生命的尺度”和“发展的空间”在指尖刷屏或鼠标点击中被碎片化，人本身发展的空间和尺度即被压缩和破坏了。

2．人文关怀流失

马克思认为解放的主体是“现实的个人”，“人的本质不是单个人所固有的抽象物，在其现实性上，它是一切社会关系的总和”[1]。按照马克思的理解，人的本质确证就是“全面占有自己的全面本质”，因为人全面地占有和享有以科学技术为基础的近代工业化成果就是人的本质确认。而在大数据时代，微信、微博、智能手机等高科技，无疑拉长了人们的工作时间，增加了人们的工作强度，导致我们身体素质下降，精神高度紧张，以至于造成多种行业的人的“过劳死”——大数据造成的人文关怀流失问题已经成为重要的社会问题。

3．存在“人学空场”

人过度沉溺于量化的环境，“人越是通过自己的劳动使自然界受自己的支配，神的奇迹越是由于工业的奇迹而变成多余，人就越是会为了讨好这些力量而放弃生产的乐趣和对产品的享受”[2]，从而失去人本身的意义，

[1] 中共中央编译局. 马克思恩格斯选集：第 1 卷[M]. 北京：人民出版社，1995：60.

[2] 中共中央编译局. 马克思恩格斯选集：第 1 卷[M]. 北京：人民出版社，1995：48.

成为片面的人。另外，大数据等技术只关注“客观数据”的呈现，而缺少对“主观数据”的反映，忽视人的主体价值和数据的社会文化意义，技术本身也造成了“人学空场”。我们很难从数据中解读出充满朝气、富有激情的人，也就很难从数据塑造出来的缺乏特征的个体去推导群体样态和社会构成，从而难以寻觅人的主体价值和数据的社会文化意义。

二、大数据时代奴役的引发肇因

（一）技术发展：奴役之历史性

大数据作为人类对自然界和社会规律认识和应用的成果，是一个不断发展、进步和完善的过程，人类对大数据的理解和运用永远不能达到完美的地步。一方面，数据本身的复杂性和不确定性，决定了它在发展阶段存在一定的局限性，这是任何技术发展历程中不可避免的。另一方面，大数据是人类认识世界、改造世界的手段和工具，必然会打上人的认识水平和认识能力的烙印。因为“我们只能在我们时代的条件下进行认识，而且这些条件达到什么程度，我们便认识到什么程度”[1]。受时代条件和主观认识水平的制约，人的认识始终具有局部性和暂时性的特点，人对规律的把握只能是相对的、近似的，而不可能是完全认识的。

（二）自然属性：奴役之必然性

每一项技术都是人类在认识自然、改造自然的过程中为满足自身需要而发明的产物。自然界在接受人类所施加的影响的同时，必然对人类施加

[1] 中共中央编译局. 马克思恩格斯选集：第 4 卷[M]. 北京：人民出版社，1995：337-338.

反作用。这是不以人的主观意志为转移的客观规律。技术与奴役具有“同存共生”性，只要有技术就必然与奴役相伴而生。当代美国学者杰里米·里夫金指出，包括以“消解”自然界报复为目标的一切技术都是有缺陷的。对此，恩格斯早在100多年前就曾告诫我们，不要过分陶醉于我们对自然的胜利，对于每一次对自然的胜利，自然界都报复了我们。这是技术的自然属性使然，与技术由谁使用、如何使用无关。由技术的自然属性所决定的奴役是不能彻底根除的，只能将其限制在一定范围内。如今的大数据、云计算也是如此。例如，“低头族”横空出世，人的视力急剧下降，腰酸背痛，身体素质大幅度下降。大数据方便了人们工作交流，但无疑拉长了工作交际的时间，加大了工作生活的强度，“闲暇”时间反而越来越少。短信、微信、邮件等“叮咚”的声音带来的不是喜悦，而是“挤压”个人自由生活的焦虑。

（三）工具理性：奴役之主体性

在人类改造自然的过程中，科学技术显示出神奇的力量。特别是工业革命后，人类在各个领域都取得空前的物质成果，使一些人认为“技术是万能的”“人是万物之主宰”，盲目陶醉于改造自然的胜利中，以自然界的绝对统治者和征服者自居。正是受这种片面的技术价值观的支配，人的主体性过分膨胀。在人类永无止境地追求物质利益的欲望无限膨胀之下，技术的价值理性完全丧失，技术的工具理性被极度张扬。大数据量化一切、一切让数据说话、数据万能论、数据工具论忽略了大数据技术与人的本质的内在统一性，忽略了大数据的向善性。“只有当现实的个人把抽象的公民复归于自身，并且作为个人，在自己的经验生活、自己的个体劳动、自己的个体关系中间，成为类存在物的时候，只有当人认识到自身‘固有的力量’是社会力量，并把这种力量组织起来因而不再把社会力量以政治力量的形式同自身分离的时候，只有到了那个时候，人的解放才能完成。”[1]

---

[1] 中共中央编译局. 马克思恩格斯文集：第1卷[M]. 北京：人民出版社，2009：46.

（四）制度规范：奴役之社会性

马克思早在一个多世纪前就曾指出：技术异化的根源并不在于技术本身，而在于技术的资本主义应用。“一个毫无疑问的事实是机器本身对于把工人从生活资料中‘游离’出来是没有责任的……同机器的资本主义应用不可分离的矛盾和对抗是不存在的，因为这些矛盾和对抗不是从机器本身产生的，而是从机器的资本主义应用产生的。因为机器就其本身来说，缩短了劳动时间，而它的资本主义应用延长了工作日。因为机器本身减轻劳动，而它的资本主义应用提高了劳动强度。因为机器本身是人对自然力的胜利，而它的资本主义应用使人受自然力奴役。”[1]同样，大数据时代的奴役，也不是大数据、云计算等技术的原因，而是由不完善的制度结构造成的。例如，目前，相关法律滞后于大数据时代的发展，难以为数据安全提供保障；部分法律的效力给了不法分子可乘之机；在大数据带来利益的驱动下，人的道德水平滑坡，自我约束力量削弱，不法行为滋生与扩大等。对当前的社会来说，如何使大数据等技术朝着符合人性的、有利于人们物质和精神生活的方向发展，是我们不得不思考的问题。

三、大数据时代奴役的消解路径

（一）在解放思想中消解奴役

大数据时代是一个开放的时代，我们应当解放思想，具有大数据精神

[1] 中共中央编译局. 马克思恩格斯全集：第26卷（上册）[M]. 北京：人民出版社，1975：483-484.

和分享精神。任何数据只要不涉及个人隐私、组织秘密或国家安全，都应该对公众开放，特别是政府部门的数据，由于是使用纳税人的钱所收集的数据，而且许多数据也涉及纳税人的权益，因此这些数据都应该最大限度地对外开放。对政府方面而言，数据的公开、透明是一剂反腐良药，阳光的照射、民众的监督可以防止腐败并提高政府工作效率。数据互联互通，有利于提高政府跨区域办公效率、精准治理及智慧城市的打造；有利于人民畅通意见表达渠道，提高人民群众对政府的信任度和认可度；也有利于企业获取更多数据资源，提高个性化生产和服务。

充分认识到大数据时代各种技术的内在不可消解的奴役性，虽无法消解，却可以选择。尤其在当代，对大数据等新事物，我们要解放思想，保持开放、分享心态，接受大数据，拥抱大数据时代。“一个‘一切都被记录，一切都被分析’的数据化时代的到来，是不可抗拒的，任何一个试图去阻止新时代到来的人，都会成为旧时代的关门人和关灯者。”“亲爱的朋友，如果你希望像纸版的《新闻周刊》一样，用血肉之躯抵挡互联网的齿轮，又或者学习张勋，重新蓄其辫子，向着过去狂奔，那我只能为你奏一曲挽歌。”[1]面对大数据技术的滚滚洪流，我们只有纵身一跃，激流勇进。

（二）在发展技术中消解奴役

“互联网+”概念的出现有效地促进了云计算、大数据、物联网等产业的发展，给我们生产、生活、学习与工作带来了前所未有的变革。要充分发展和应用新技术来解决社会问题。2016年10月18日，在工业和信息化部信息化和软件服务业司及国标委指导下，中国区块链技术和产业发展论坛编写的《中国区块链技术和应用发展白皮书（2016）》正式亮相，区块链以其可信任性、安全性和不可篡改性，让更多数据被解放出来。比如，区块链可以利用私钥限制访问权限，从而规避法律对个人获取数据的限制

[1] 周涛．为数据而生[M]．北京：北京联合出版公司，2016：10.

问题，解决隐私泄露问题，以适应大数据时代。另外，对于因大数据技术不完善而引起的社会问题，可以通过技术进步来控制或解决。通过发展与完善多因子身份验证技术，提升多层次大数据安全管理的可控性就可以有效地防止类似“数据盗窃”问题，解决大数据发展过程中遇到的问题。

（三）在应用大数据中消解奴役

数据本无罪，技术无善恶，人类社会的发展遵循客观规律，自身发展并无对与错。大数据的“红与黑”“罪与罚”也是针对不同的人而言的。大数据时代带给我们奴役的同时，也带给我们解放。大数据技术集视觉、听觉、触觉于一体，更具有生动性和直观性，全面调动了人的各种感觉器官，打破了人类用直接的方式去感觉自然的有限性，挖掘出人的整个身体的开放性和灵动性，最大限度地发掘了人的感觉潜能——人的社会关系的全面丰富。同时，大数据技术让我们无处藏身，谎言、伪装也很快被人识破，这就迫使人又回归本真，回到我们孩童时期那种没有伪装、没有谎言的时代。在此意义上，大数据的奴役与解放是同一条路，“人是目的”在当代具体化了，人的尊严、人的价值、人的权利明确了得以实现的具体途径，它使启蒙核心观念在当代获得了新的生命力，升华到了一个新的境界。同样，对于企业发展、社会管理而言，大数据也具有重大解放意义。科学技术是第一生产力，大数据则是最新的生产力。企业的壮大需要依靠大数据获得发展动力和前景；社会的教育、就业、养老等领域要获得更多的便利，也离不开大数据的支撑。

（四）在构建主体性中消解奴役

大数据时代，无疑是消解奴役，获得解放的时代。马克思在谈到人类解放时明确强调“任何解放都是使人的世界即各种关系回归于人自身”[1]。

[1] 中共中央编译局. 马克思恩格斯文集：第1卷[M]. 北京：人民出版社，2009：46.

在此意义上，人是一切技术的终极关怀，工业技术革命解放了人的肢体，而大数据技术的发明则解放了人的大脑。在大数据时代，人们越来越依靠智能手机、移动设备等大数据产品，在某种意义上导致了“人”的消失。如今，个体越来越不能只通过搜集、量化就从数据中“挖掘”出有用信息，它超越个体层面，内在地诉求一种更广、更高维度的“挖掘方式”；人们不再局限于自我范围单机游戏，而是进入“大联结”的网络中。朋友圈、微信群等构建了多维度性、非中心化、无约定的人际关系。大数据技术增强了人的开放性和社会性，形成了更加自由的人际关系和更加全面、丰富的社会关系。

大数据时代需要唤回人性，重构人类在创造历史中的主体地位。一是构建主体间性。主体间性表明主体之间存在共性，但共性并不排除个性。正如海德格尔所说：“此在的世界是共同的世界，‘在之中’就是与他人共同存在。他人的世界之内的自在存在就是共同此在。”[1]二是提高对大数据的认识。警惕对大数据的过度崇拜，从整体兼顾部分、量化整合质化、因果强调相关的互补中实现大数据思维的超越[2]。三是构建大数据时代的网络道德规范。网络道德规范需要从一般的伦理原则，体现“己所不欲勿施于人”，同时还需要把网络道德规范内化为网络主题内在自律的道德力量。四是把大数据时代的伦理原则纳入现实生活中。虚拟世界是真实生活的一部分，但绝不是现实生活的替代或超越。因此，要把网络伦理原则应用于现实生活中，才有利于解决现实生活中的问题。

（五）在协同共治中消解奴役

纵然奴役伴随大数据发展不可避免，但技术生成和应用的主体是人，大数据是造福人类还是危害人类，最终取决于什么人以何种目的和价值观

---

[1]［德］海德格尔．存在与时间[M]．陈嘉映，译．北京：三联书店，1987：138.

[2] 刁生富，姚志颖．论大数据思维的局限性及其超越[J]．自然辩证法研究，2017(5)：91-95.

掌控大数据。因此，消解大数据时代奴役的根本出路在于人类自身，在于人的实践活动，在于人的现实活动。人的全面解放既不是浪漫的幻想，也不是未来的乌托邦，人的解放具有现实性。

“旧式的生产方式必须彻底变革”[1]，要实现人类解放，就“必须推翻使人成为被侮辱、被奴役、被遗弃和被蔑视的东西的一切关系”[2]。在当前社会，我们能够充分发展和利用大数据等新一代信息技术，推进政府、企业、社会组织、公民协同治理，从价值观念、社会责任、道德伦理和法律规范等多方面，通过改革和完善经济、政治等制度，不断破除束缚人发展的体制机制，完善上层建筑，消解人类奴役，不断推动大数据人化，从而让大数据时代的各种技术复归人的生活世界，始终围绕人的个性自由、现实生存、未来发展来进行。

随着大数据等新一代信息技术的发展，社会生产力将高度发展，社会财富极大丰富，人也将在大数据等新技术的逐步发展中获得解放。这将是令人鼓舞和期待的解放之路。

[1] 中共中央编译局. 马克思恩格斯全集：第20卷[M]. 北京：人民出版社，1975：318.

[2] 中共中央编译局. 马克思恩格斯选集：第1卷[M]. 北京：人民出版社，1995：10.

反侵权盗版声明

举报电话：（010）88254396；（010）88258888
传　　真：（010）88254397
E-mail:　　dbqq@phei.com.cn
通信地址：北京市万寿路 173 信箱
　　　　　电子工业出版社总编办公室
邮　　编：100036